高等院校十二五规划教材·计算机科学类

C 语言程序设计基础教程

主编　惠清玲　　李瑞林

西北工業大學出版社

【内容提要】本书是为高等院校编写的计算机课程规划教材。内容包括：C语言的入门知识、顺序结构程序设计、选择结构程序设计、循环结构程序设计、数组、函数、指针、结构体、共用体、链表和文件。书中配有大量生动典型的实例，章后还附有上机指导以及练习题，使读者在学习和使用C语言时更加得心应手，做到学以致用。

本书既可作为高等院校C语言程序设计课程的教材，同时也可供广大计算机爱好者学习参考。

图书在版编目（CIP）数据

C语言程序设计基础教程/惠清玲，李瑞林主编. —西安：西北工业大学出版社，2011.7（2012.9重印）

ISBN 978-7-5612-3124-1

Ⅰ. ①C… Ⅱ. ①惠…②李… Ⅲ. ①C语言—程序设计—高等学校—教材 Ⅳ. ①TP312

中国版本图书馆CIP数据核字（2011）第053102号

出版发行：西北工业大学出版社
通信地址：西安市友谊西路127号 邮编：710072
电 话：(029) 88493844 88491757
网 址：www.nwpup.com
电子邮箱：computer@nwpup.com
印 刷 者：陕西宝石兰印务有限责任公司
开 本：787 mm×1 092 mm 1/16
印 张：19.5
字 数：513 千字
版 次：2011年7月第1版 2012年9月第2次印刷
定 价：36.00元

编委会

主　编　惠清玲　李瑞林

编　委　魏西航　晁军宁　杨　静

　　　　黄　蕾　何　蕾　文　龙

前　　言

C 语言是 20 世纪 70 年代由美国贝尔实验室的 D.M.Ritchie 在 B 语言的基础上设计的，其广泛涉及事务处理、科学计算、工业控制及数据库等领域。C 语言能够得到如此迅猛的发展，不仅因为它同时兼有高级语言和汇编语言的优点，而且适合系统软件的开发和应用程序的编写。

本书是为高等院校计算机及应用专业编写的教材。思路新颖、图文并茂。通过本书的学习，使学生能够掌握 C 语言的基本知识和简单 C 语言程序的编写，并能够在实际工作中得以广泛应用。

本书共分为 14 章，各章内容如下：

▶ C 语言概述

▶ 算法

▶ C 语言的基本数据类型

▶ 运算符与表达式

▶ 顺序结构程序设计

▶ 选择结构程序设计

▶ 循环结构程序设计

▶ 数组

▶ 函数

▶ 指针

▶ 结构体、共用体和链表

▶ 文件

▶ 面向对象程序设计与 C++

▶ 综合实例精解

由于编者水平有限，疏漏之处在所难免，希望广大读者批评指正。

编　者

2011 年 3 月

目　录

第一章　C 语言概述

教学目标

C 语言是一种当今国际上广泛流行的计算机语言。它不仅适合系统软件的开发，而且也适合应用软件的开发。本章将对 C 语言的基础知识进行概述。通过本章的学习，使读者了解 C 语言的整体情况，并掌握简单的 C 语言上机操作。

教学难点与重点

（1）C 语言发展简介。

（2）C 语言的特点。

（3）C 语言的上机操作步骤。

（4）Turbo C 集成开发环境的组成。

（5）C 语言程序的基本结构及标准库函数的调用。

第一节　C 语言发展史

自计算机诞生以来，人们编写系统软件主要是使用汇编语言，但是由于汇编语言编写的程序对计算机硬件的依赖太强，程序可读性和可移植性较差。为了改进汇编语言的这些不足，就需要改用高级语言，而一般的高级语言又不具备汇编语言能够直观地实现对硬件操作的特点。在这种情况下，就需要一种同时具有高级语言特性和低级语言特性的语言，于是 C 语言就应运而生了。C 语言是一种典型的高级语言，它把高级语言的基本结构与低级语言的高效实用性结合起来，一方面它在计算机程序语言研究方面具有一定的价值；另一方面它对整个计算机工业和应用的发展起到了推动作用，因而 C 语言的设计者获得了计算机科学界的最高奖——图灵奖。C 语言已成为当今世界最有发展前途的计算机高级语言之一。C 语言的发展经历了以下几个阶段：

（1）1967 年，英国剑桥大学的 M.Richards 在 CPL（Combined Programming Language）语言的基础上，实现并推出了 BCPL（Basic Combined Programming Language）语言。

（2）1970 年，美国贝尔实验室的 K.Thompson 以 BCPL 语言为基础，设计了 B 语言，他用 B 语言在 PDP–7 机上实现了第一个实验性的 UNIX 操作系统。

（3）1972 年，美国贝尔实验室的 Dennis M.Ritchie 在 B 语言的基础上，克服其诸多缺点，设计了 C 语言。

（4）1973 年，美国贝尔实验室的 K.Thompson 和 Dennis M.Ritchie 合作，用 C 语言在 PDP–11 机上重新改写了 UNIX 操作系统。此后 C 语言作为 UNIX 操作系统上的标准系统开发语言，越来越多地被人们接受和应用。

（5）在以后数年中，C 语言多次做了改进，但它依旧是以描述和实现 UNIX 操作系统，作为贝尔实验室内部使用而存在。直到 1975 年，UNIX 第 6 版公布后，C 语言的优势才慢慢被人们注意。接着出现了可移植性的 C 语言，这不仅推动了 UNIX 操作系统的广泛应用，而且 C 语言也迅速得到推广。

（6）1978 年，Brian W.Kernighan 和 Dennis M.Ritchie 正式出版了著名的《The C Programming Language》一书，该书成为 C 语言各种版本改进的基础，因而被称为标准 C 语言。

（7）1983 年，美国国家标准协会（ANSI）根据 C 语言的各个版本，对 C 语言进行发展和扩充，制定了新标准，称为 ANSI C。

（8）目前流行的 C 语言编译系统是以 1990 年国际标准化组织 ISO 制定的 ISO C 标准为基础的。

第二节　C 语言特点

目前 C 语言广泛应用于事务处理、科学计算、工业控制及数据库等领域。C 语言能够得到如此迅猛发展，不仅因为它兼具了高级语言和汇编语言的优点，既适合系统软件的开发，又适合应用程序的编写，更主要的是因为它具备以下几点独特优势：

（1）应用广泛。不仅适合系统软件的开发，而且适合应用软件的开发。

（2）语言简洁、明了。语言本身书写灵活、直观，便于初学者学习和应用。

（3）语言表达能力强。C 语言是一种面向结构化程序设计的语言，涉及范围广、功能强。它有运算符 34 种，既可以直接处理字符，又可以访问内存物理地址，直接对计算机硬件进行操作，这样就能实现汇编语言的大部分功能。

（4）丰富的数据结构。C 语言具有现代化语言的各种数据结构，如实型、整型及字符型等，而且在此基础上设计者还可以创建很多复杂的数据结构，如链表、树、堆、栈等。这些丰富的数据类型极大地增强了 C 语言的功能。

（5）丰富的结构化控制语句。C 语言提供了功能强大的结构化控制语句的 3 种基本结构，即顺序结构、选择结构和循环结构。许多复杂的问题往往可以通过这 3 种结构的交叉使用得以解决，便于程序结构化，符合现代编程风格的要求。

（6）程序运行效率高，可移植性强。C 语言编程速度快，程序可读性高；80%以上的代码是公共的，因而稍做修改就能移植到各种不同型号的计算机上。

尽管如此，C 语言也存在一定的不足，具体表现在运算符和运算优先级过多，语法定义不严格，编程自由度大，编译程序查错、纠错能力有限，给不熟练的程序员带来了一定的困难。

综上所述，C 语言既是成功的系统描述语言，又是程序设计语言，它的这种双重性越来越多地受到设计者的青睐。目前国内外研究和使用 C 语言的人日益增加，同时优秀的 C 语言版本及配套的工具软件不断出现，更为 C 语言的学习提供了广阔的平台。

第三节　C 程序上机操作

编写 C 程序仅仅是程序设计工作中的一个环节，编写的程序需要在计算机上进行调试运行，直到得到正确的运行结果为止。C 程序的上机操作一般要经过 4 个步骤，即编辑、编译、链接和运行，如图 1.3.1 所示。

（1）编辑：用户把编辑好的 C 程序源代码输入到计算机，并以文本文件的形式存放在本地磁盘上（后缀为.c），例如 file1.c，t.c 等。编辑 C 程序的常见文字处理软件有 Word、EditPlus 和记事本等。

（2）编译：编译 C 程序是把 C 语言源程序编译成用二进制指令表示的目标程序（后缀为.obj）。编译过程由 C 编译系统提供的编译程序完成。

（3）链接：链接 C 程序是用系统提供的链接程序把目标文件、库函数和其他目标文件链接装配成可执行的目标程序（后缀为.exe）。

（4）运行：运行 C 程序是将可执行的目标程序投入运行，以获取程序的运行结果。

目前在 PC 机上常用的 C 语言编译系统有 Borland International 公司的 Turbo C 和 Microsoft 公司的 Microsoft C，Quick C。下面简单介绍 Turbo C 2.0 集成开发环境的使用，关于详细的使用说明请参阅相关 C 语言上机指导书籍。

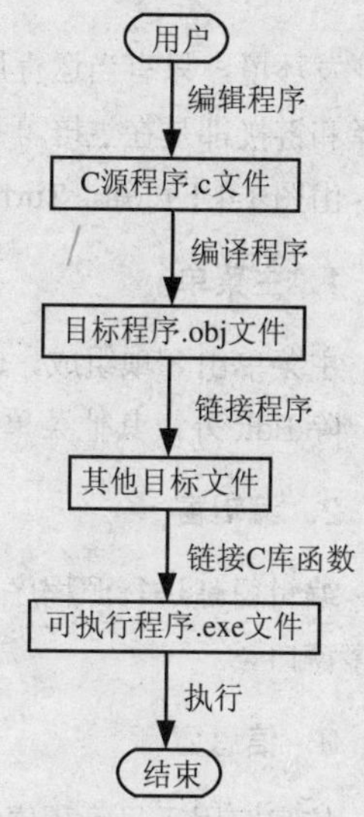

图 1.3.1　C 程序上机操作

第四节　Turbo C 简介

Turbo C 是 Borland 公司开发的一种运行于 DOS 操作系统下的 C 语言程序开发软件。它集编辑、编译、链接和运行于一体，具有良好的用户界面和丰富的库函数，且运行速度快，效率高，功能强，使用非常方便。本书中的 C 程序都是在 Turbo C 2.0 环境下实现的。

一、Turbo C 2.0 的集成环境

在使用 Turbo C 2.0 集成开发环境前，必须先将其安装到本地硬盘上，然后运行系统盘的 install 安装程序，按照提示信息逐步安装到本地磁盘上。安装后，Turbo C 文件中包含两个子文件，即 INCLUDE 文件（Turbo C 系统头文件）和 LIB 文件（Turbo C 系统库文件）。可以在 TC 目录下双击主运行文件 TC 打开 Turbo C 集成开发环境，如图 1.4.1 所示。

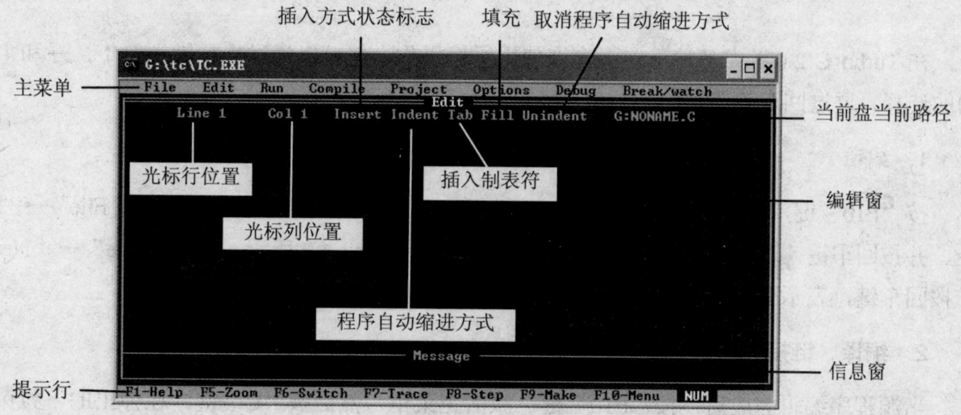

图 1.4.1　Turbo C 2.0 集成开发环境

Turbo C 2.0 定义了两种屏幕状态，即开发环境和用户屏幕，它们是相互独立的。通常 Turbo C 处

于开发环境，只有当运行用户程序时才能进入用户屏幕，因而开发环境又称为主屏幕。程序的编辑、编译和链接都是在主屏幕下实现的，只有程序的输入和输出在用户屏幕下完成。

由图 1.4.1 可知，Turbo C 2.0 的主屏幕由 4 部分组成。

1．主菜单

主菜单由 8 项组成，即 File，Edit，Run，Compile，Project，Options，Debug 和 Break/watch。其中，除 Edit 外，其他菜单项都有一个下拉菜单。

2．编辑窗

编辑窗是进行源程序所有编辑工作的平台，它由两部分组成，即编辑状态提示行和编辑/修改源程序窗口。

3．信息窗

信息窗用于显示程序运行结果的错误信息和警告信息。

4．提示行

提示行位于屏幕底层，用于说明在 Turbo C 2.0 集成开发环境中常用的功能键的含义。Turbo C 2.0 集成开发环境中所有热键的功能如表 1.1 所示。

表 1.1　Turbo C 2.0 集成开发环境中所有热键及功能

热　键	功　能
F1	激活帮助窗口，显示当前光标位置的提示信息
F2	将当前文件以指定的文件名存盘
F3	载入指定文件
F4	将程序执行到光标所在的行暂停
F5	缩放当前窗口
F6	切换活动窗口
F7	单步执行程序，可进入被调用函数
F8	单步执行程序，不可进入被调用函数
F9	编译、链接源程序并生成可执行文件
F10	激活主菜单
Esc	返回上一级菜单

二、源程序的编辑、编译、链接和运行

在 Turbo C 2.0 开发环境下，不允许使用鼠标操作，但可以通过光标键←，↑，→和↓进行菜单间的选择，通过回车键选中。

1．编辑

按“F10”键，激活主菜单，然后按“F”键，在弹出的下拉菜单中，选择“File”→“Load”命令，并按回车键，表示调用一个已经存在的源文件，如图 1.4.2 所示；选择“File”→“New”命令，并按回车键，表示要创建一个新 C 源程序。

2．编译、链接

当源程序编辑完成后，按“F10”键，激活主菜单，然后按“C”键，在弹出的下拉菜单中，选择“Compile”→“Compile to OBJ”命令，进行编译，如图 1.4.3 所示，并生成目标文件；然后选择“Compile”→“Link EXE file”命令，进行链接操作，即可得到扩展名为.exe 的可执行文件。一般情

况下，将编译与链接合并成一步进行，可以通过选择“Compile”→“Make EXE file”命令或直接按“F9”键来实现。

图 1.4.2　Turbo C 源文件的调用

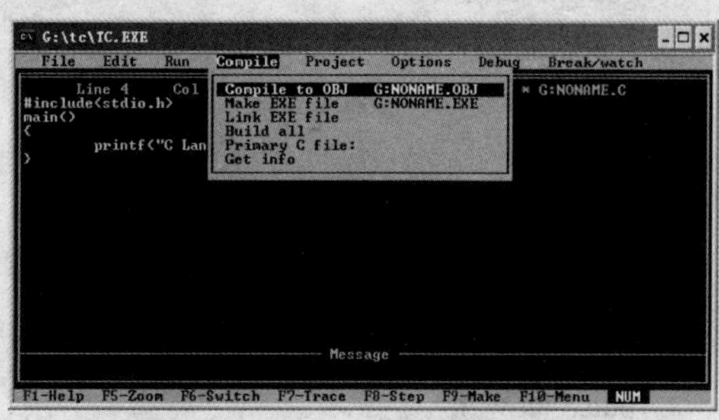

图 1.4.3　Turbo C 源文件的编译

3．运行

按“F10”键，激活主菜单，然后按“R”键，在弹出的下拉菜单中选择“Run”→“Run”命令或按“Ctrl+F9”键，运行链接后的.exe 文件。当运行可执行文件时，系统自动切换到用户屏幕，用户在此将数据输入给程序，就得到程序运行后输出的结果。按“F10”键，激活主菜单，然后按“R”键，在弹出的下拉菜单中，选择“Run”→“User screen”命令或按“Alt+F5”键切换到用户屏幕查看运行结果，如图 1.4.4 所示。

图 1.4.4　Turbo C 源文件的运行结果

第五节　C 程序基本结构

用 C 语言编写的程序称为 C 程序。本节将通过一个简单的 C 程序实例，介绍 C 程序的基本组成和结构，使读者对 C 程序有个初步的了解。

例 1.1　输出当前系统的日期和时间。

程序

```
#include<stdio.h>                          /*预编译命令*/
#include<dos.h>                            /*预编译命令*/
main()                                     /*主函数*/
{                                          /*主函数体开始行*/
    struct date d;                         /*定义结构体变量 d*/
    struct time t;                         /*定义结构体变量 t*/
```

```
    getdate(&d);                                          /*获取当前系统的日期*/
    gettime(&t);                                          /*获取当前系统的时间*/
    function(d,t);                                        /*调用子函数 function*/
}
function(x,y)                                             /*子函数 function*/
{
    struct date x;                                        /*定义结构体变量 x*/
    struct time y;                                        /*定义结构体变量 y*/
    puts("Now");                                          /*字符串数据输出*/
    printf("Date:%d-%d-%d\n",x.da_year,x.da_mon,x.da_day); /*日期格式输出*/
    printf("Time:%d-%d-%d\n",y.ti_hour,y.ti_min,y.ti_sec); /*时间格式输出*/
}
```

输出

```
Now
Date:2005-7-25
Time:14-27-41
```

分析

本程序主函数 main()中首先定义了两个结构体变量 d 和 t；然后调用系统日期函数 getdate 和时间函数 gettime，得到当前系统的日期和时间；最后调用子函数 function。在子函数 function 中，首先定义了两个形参 x 和 y 的数据类型；然后调用字符串输出函数 puts 和格式输出函数 printf，输出当前系统的日期和时间。

注意　在使用 C 语言标准库函数时，需要用预编译命令“#include”将有关的“头文件”包含在用户源文件中，在头文件中包含了与所用函数有关的信息。

一、C 程序基本组成

从例 1.1 可以看出，一个完整的 C 程序应该由以下几个部分组成：

```
main()                        /*主函数*/
{
    变量定义
    执行语句组
}
子函数名 1(参数)              /*子函数 1*/
{
    变量定义
    执行语句组
}
子函数名 2(参数)              /*子函数 2*/
```

```
{
    变量定义
    执行语句组
}
```

一个完整的 C 程序应符合以下几点：

（1）在 C 语言中，每个程序都由一个（且仅有一个）主函数 main()和若干个子函数组成，其中主函数是一个特殊的函数，它是程序启动的唯一入口；子函数是由用户自定义的，可以缺省。

（2）函数由函数说明和函数体两部分组成。函数说明是对函数名、函数类型、形式参数等的定义和说明，在函数运行时不起作用；函数体包括对变量的定义和执行程序两部分，用大括号括起来。

（3）C 程序书写格式自由。一条语句可以写在一行上，也可以写在多行上；一行内可以写一条语句，也可以写多条语句。

（4）在 C 语言中，可以在任何位置添加注释文字，以提高程序的可读性。C 语言中的注释是以“/*”开始，以“*/”结束的。注释可以独立成行，也可以跨行，注释对一个程序的正常编译和运行不产生任何影响，因此在程序中添加注释是编程的好习惯。

二、标准库函数

标准库函数是由 C 编译系统提供的一些有用的功能函数，一般存放在不同的头文件中。Turbo C 编译系统提供了 400 多个库函数，常见的有数学函数、字符串函数、输入输出函数、时间函数、随机函数等。在使用时，只须把头文件包含在用户程序中，就可以直接调用相应的库函数，它的一般调用格式如下：

#include<头文件名>或#include"头文件名"

标准库函数是 C 语言中一个重要的软件资源，在程序设计过程中，充分利用这些函数可以收到事半功倍的效果。

本章小结

本章首先简单介绍了 C 语言的发展史，C 语言的特点等；重点介绍了 C 语言的上机操作步骤以及 Turbo C 集成开发环境的组成；最后结合实例介绍了 C 语言程序的基本结构及标准库函数的调用。

习 题 一

一、填空题

1．C 语言的特点是_________、_________、_________、_________、__________和_________。

2．一个 C 语言程序从编写成功到实现既定功能，需要经历的基本环节是_________、_________、_________和_________。

二、选择题

1．以下叙述中正确的是（ ）。

A．C 程序由主函数组成

B．C 程序由函数组成

C．C 程序由函数和过程组成

D．C 程序中的注释行由“/*”开头，由“*/”结束

2．C 语言是（ ）由美国贝尔实验室的 D.M.Ritchie 在 B 语言的基础上设计的。

A．20 世纪 60 年代　　B．20 世纪 70 年代

C．20 世纪 80 年代　　D．20 世纪 90 年代

三、上机操作题

使用字符串输出函数 puts 打印以下信息：

```
*******************************************************************************

                          C Language Program Design

*******************************************************************************
```

第二章　算　法

教学目标

一个完整的程序应该包括两个方面，即对数据的描述（程序中指定的数据类型和数据组织形式，即数据结构）和对操作的描述（即算法）。本章将介绍C语言中算法的概念、特性及几种常见的算法表示形式。

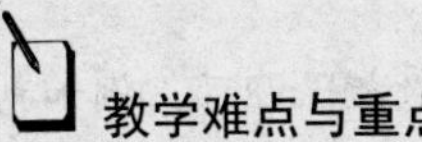

教学难点与重点

（1）算法的概念。

（2）算法的特点。

（3）常见算法的表示方法。

第一节　算法的概念

计算机科学家D.M.Knuth撰写的《THE ARE OF COMPUTER PROGRAMMING》一书中写到："一个算法，就是一个有穷规则的集合，其中之规则规定了一个解决某一个特定类型的问题的运算序列"。意思是说任何问题的解决都是由一定的方法和步骤组成的，把解决问题的这些方法和步骤称为算法。

算法不只存在于计算问题中，人们在做任何事情前，都会拟草一定的步骤，这些步骤也称为算法。例如从北京到西安观光，首先要买火车票，然后乘车到北京站，登上火车，到西安后乘车去旅游点观光，这些步骤是按一定的顺序进行的，缺一不可，次序也不能颠倒。

对待相同问题可以有不同的解决方法，即算法。

例2.1　求1+2+3+…+100的值。

算法

解决这一问题可以有以下几种方法：

（1）先进行1+2操作，再加3，再加4，一直加到100，得到5050。

（2）1+2+3+…+100=100+(1+99)+(2+98)+…+(49+51)+50=100+49×100+50=5050。

（3）1+2+3+…+100=(1+100)×100÷2=5050。

当然方法有优有劣，有的方法只需要很少的步骤就能实现命题要求，有的则需要很多步骤。因而在解决问题时，不仅需要保证算法的正确性，而且要考虑算法的复杂难易程度，以选择合适的算法。

例2.2　输入一个正数，判断它是否是素数。

算法

素数是指除了1和该数本身外，不能被其他任何数整除的数。判断一个数n是否为素数的方法很简单，只须将n作为被除数，除以2～n-1之间的各数，如果都不能整除，则n为素数；否则n不是素数。判断某数是否为素数可以表示如下：

S1：输入n的值。

S2：n除以i（i∈[2,n-1]），得余数r。

S3：如果r=0，则表示n不是素数，执行S5；否则执行S4。

S4：执行i++，然后判断i的值是否超出范围，如果i大于n-1，则表示n是素数，执行S5；否则执行S2。

S5：打印判断结果。

注意 n不必与2～n-1之间各数相除，只要能与2～$\sqrt{n}$之间的整数相除即可。例如判断29是否为素数，只要用29除以2～5（$\sqrt{29}\approx 5$）之间各数进行判断即可。

第二节　算法的特性

现实中问题的正确合理解决是建立在算法的基础上的。一个合法、健壮的算法，应具备以下特点：

（1）有穷性。一个算法中的执行步骤必须是有限的，不能是无限的死循环。

注意 有穷性是指某算法在规定的合法范围内能够实现预定功能。例如，计算机按照某种算法执行某个程序需要100年，虽然这个算法是有限的，但是它超出了合理的限度，因而该算法也不符合有穷性。

（2）确定性。算法中每句话的含义必须是确切的、唯一的，不能产生歧义。例如，有段算法描述“一个整数除以5，求该数。”这段描述是不正确的，它既没有说明该整数除以5得多少，也没说明余数是多少，因而无法执行。

（3）有效性。算法中每一步都应该能有效地运行并返回预定结果。例如，有段算法描述“求0除5的结果”，这是不正确的，因为0不能作为除数。

（4）有零个或多个输入。输入是指在执行算法时需要从外界取得必要的信息。例如，在例2.1中3种算法都没有从外界接收信息；在例2.2中，需要输入某个数，然后再判断它是否是素数。

（5）有一个或多个输出。输出是指与输入有某种特定关系的量，在一个合法的算法中至少有一个输出。例如，例2.1中输出的是求和运算的结果，例2.2中输出的是输入数据是否为素数的信息。

对于初学者来说，不需要自己设计算法处理命题，只需要使用别人设计好的算法设计程序即可。例如，在排序问题中可以使用现成的算法进行排序，常见的排序法有冒泡法、选择法、二分法等。

第三节　算法的表示

确定好某个算法后，可以用不同的方法将其表示出来，常见的算法表示有自然语言表示法、流程图表示法、N-S图表示法、伪代码表示法、计算机语言表示法等。

一、自然语言表示法

自然语言表示法是指用日常语言将算法的各步骤描述出来。在第一节中介绍的算法都是用自然语言表示的。这种算法表示法结构自由、通俗易懂，但表示的含义不太严格，需要根据上下文才能确定其含义，容易产生歧义。此外用此方法表示复杂循环的算法时，文字冗长，很不方便。

二、流程图表示法

流程图是指用特定的图形符号、流程线及文字说明将算法描述出来。这种算法表示法形象直观、简单易懂、便于修改，深受广大程序设计者喜爱。美国国家标准协会（American National Standard Institute）规定了常见的流程图符号及其含义，如表 2.1 所示。

表 2.1 常见的流程图符号及其含义

符号名称	符 号	含 义
起止框	圆角矩形	算法的开始和结束
输入输出框	平行四边形	算法的输入输出操作
处理框	 矩形	算法中的各种处理操作
判断框	 菱形	算法中的条件判断操作
注释框	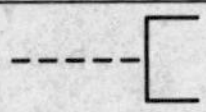 - - - - -[	算法中某操作的说明信息
流程线	 ↓↑ ⇄	算法的执行方向
连接点	圆圈	流程图的连接点

例 2.3 将例 2.1 算法（1）用流程图表示，如图 2.3.1 所示。

注意 流程图中菱形框两侧的“Y”和“N”表示“是”(yes)和“否”(no)，即条件判断式的结果是否正确。

程序设计的目标是利用算法对问题的原始数据进行处理，从而获得期望的效果。但是要提高程序的质量，提高编程效率，使程序具有良好的可读性、可靠性和可维护性，就必须在程序设计时遵循结构化的设计思想。1966 年，Bohra 和 Jacopini 提出了结构化程序设计的 3 种基本结构。

1. 顺序结构

顺序结构表示程序中的各操作是按照它们出现的先后顺序执行的，其流程图如图 2.3.2 所示。其中 A 和 B 表示两个处理步骤，它们可以是一个非转移操作或多个非转移操作，也可以是空操作。整个执行过程是从入口 a 开始，先执行完 A 后，再执行 B，直到出口点 b 结束。

2. 选择结构

选择结构表示程序的处理出现了分支，它需要根据某一特定的条件选择其中的一条分支来执行。常见的选择结构有单选型、双选型和多选型 3 种，其具体流程图如图 2.3.3 所示。

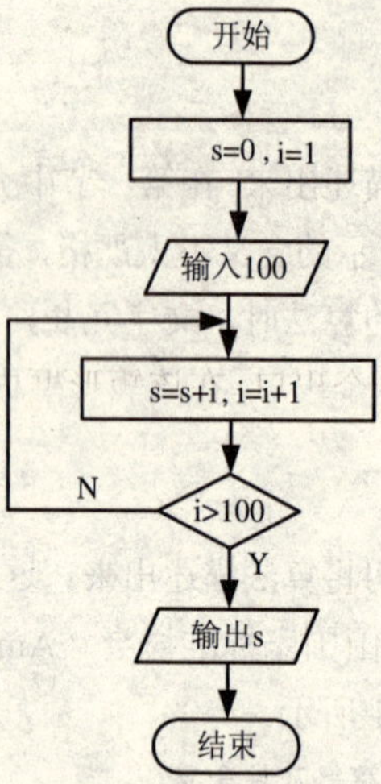

图 2.3.1　例 2.1 算法（1）的流程图

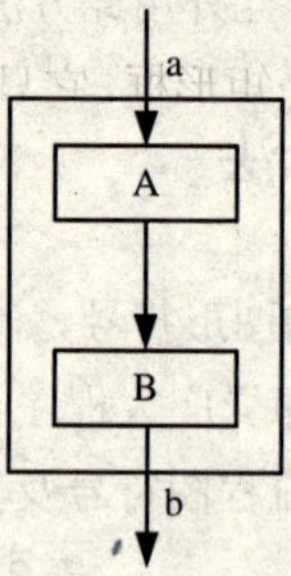

图 2.3.2　顺序结构

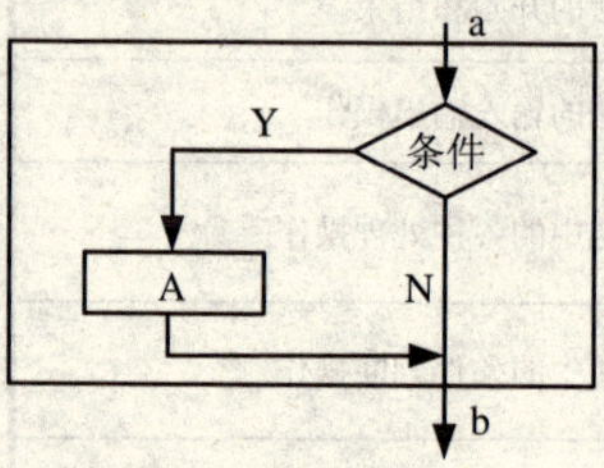

（a）单选型

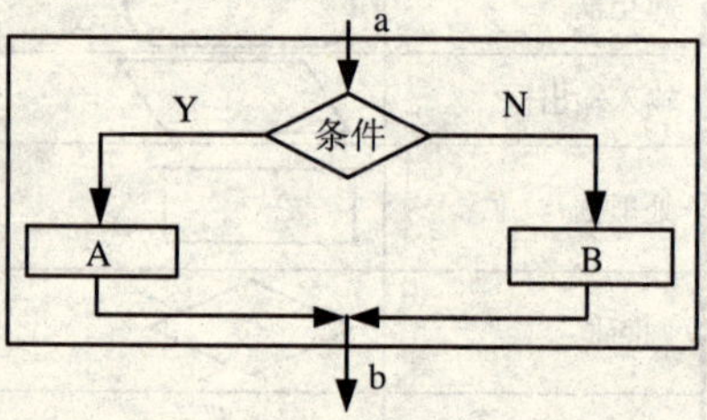

（b）双选型

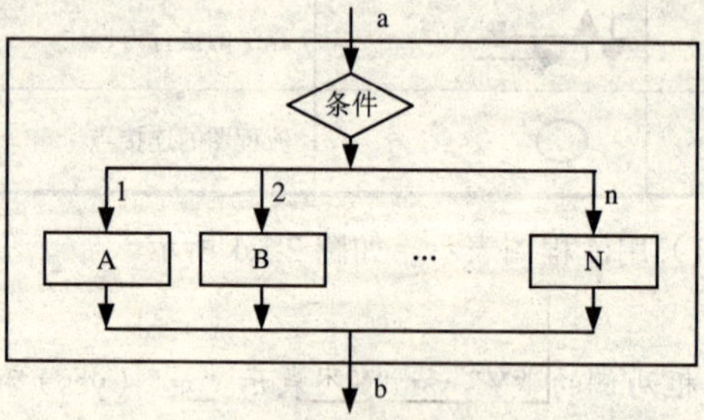

（c）多选型

图 2.3.3　选择结构

3. 循环结构

循环结构表示程序反复执行某个或某些操作，直到某条件为真时，才终止循环。常见的循环结构有当型循环和直到型循环两种，其具体流程图如图 2.3.4 所示。

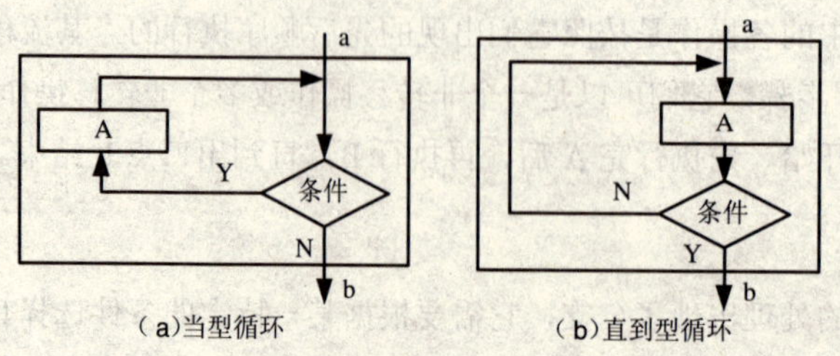

（a）当型循环　　（b）直到型循环

图 2.3.4　循环结构

三、N-S 图表示法

由于结构化程序设计的一些基本结构在传统流程图中没有相应的表示符号，因而需要一种新的流程图表示算法。1973 年，美国学者 I.Nassi 和 B.Shneiderman 在传统的流程图设计思想上，提出了一种新的流程图形式，即 N-S 图。

N-S 图的基本单元是矩形框，它只有一个入口和一个出口，在该矩形框内用不同形状的线条分割，可以表示顺序结构、选择结构和循环结构。这种算法表示法从形式上排除了随意使用控制转移对程序流程的影响，限制了不良程序结构的产生。

结构化程序设计的 3 种基本结构对应的 N-S 图如图 2.3.5 所示。

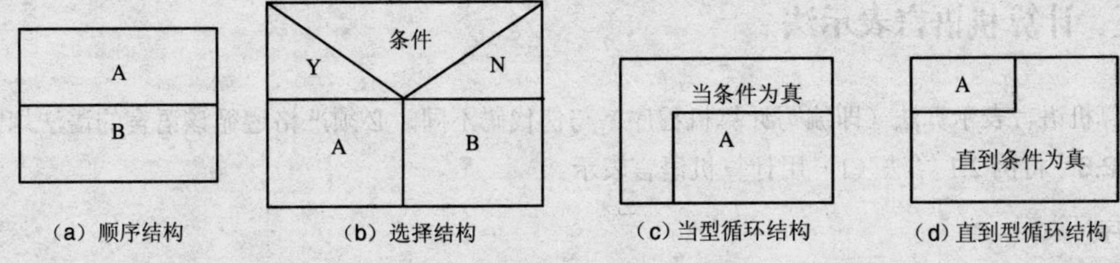

图 2.3.5 3 种基本结构的 N-S 图

例 2.4 将例 2.1 算法（1）用 N-S 图表示，如图 2.3.6 所示。

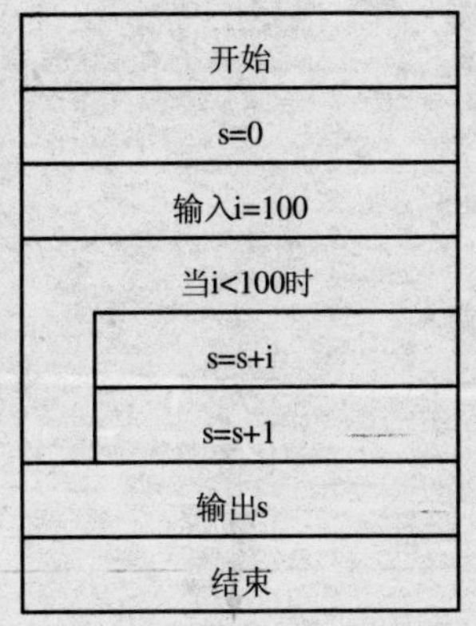

图 2.3.6 例 2.1 算法（1）的 N-S 图

注意 N-S 图是描述算法的重要图形工具之一，适合于结构化程序的表示；而对于非结构化的程序，一般很少用 N-S 图表示。

四、伪代码表示法

虽然传统流程图和 N-S 图表示算法直观易懂，但画起来比较麻烦，且流程图的修改也比较麻烦，因此为了设计算法时方便，常用一种介于自然语言和计算机语言之间的文字和符号来描述算法。

例 2.5 输入数 n，打印出该数的绝对值。使用伪代码表示该算法。

算法

开始

输入数 n
如果 n>0
　　打印出 x
否则
　　打印出-x
结束

注意 虽然伪代码书写格式自由，易于表达设计者的思想，而且易于修改，但是用伪代码表示算法不如流程图直观，容易出现逻辑错误。

五、计算机语言表示法

计算机语言表示算法（即编写计算机程序）与伪代码不同，必须严格遵循该语言的语法规则。

例 2.6 将例 2.1 算法（1）用计算机语言表示。

程序

```
#include<stdio.h>
main()
{int i,n,s;
 s=0;
 printf("n=");
 scanf("%d",&n);
 for(i=1;i<=100;i++)
 s=s+i;
 printf("1+2+3+…+100=%d\n",s);
}
```

输入

n=100↙

输出

1+2+3+…+100=5050

注意 用计算机语言表示算法不能实现算法的预定功能，只有将该算法在计算机上运行后才能实现。

本章小结

程序设计的目的不只是学习一种语言，而是学习程序设计的方法。掌握了算法就掌握了程序设计的灵魂。本章主要介绍了算法的概念，然后介绍了算法的特点，最后结合实例重点介绍了几种常见算法的表示方法。

习 题 二

一、填空题

1. 一个合法的算法，应该具有的特点是__________、__________、__________、__________和________。

2. 结构化程序设计的 3 种基本结构分别为________、________和________。

二、选择题

1.（ ）年，Bohra 和 Jacopini 提出了结构化程序设计的 3 种基本结构。

A. 1964　　B. 1965

C. 1966　　D. 1967

2.（ ）年，美国学者 I.Nassi 和 B.Shneiderman 在传统的流程图设计思想上，提出了一种新的流程图形式，即 N-S 图。

A. 1971　　B. 1972

C. 1973　　D. 1974

三、上机操作题

用流程图表示以下命题的算法：任意输入两个数，然后求这两个数的最小公倍数。

第三章　C语言的基本数据类型

教学目标

本章将介绍C语言中的常量与变量及各种数据类型等基本概念。通过本章的学习，使读者了解C语言中的常量与变量的含义，并掌握各种数据类型间的混合运算。

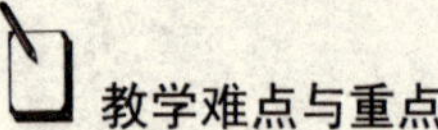

教学难点与重点

（1）常量与变量的定义及用法。

（2）3种基本数据类型。

（3）各种数据类型间的混合运算。

第一节　C语言数据类型概述

在第二章中提过：一个完整的程序应该包括两个方面，即对数据的描述（数据结构）和对操作的描述（算法）。因此在程序设计过程中，必须综合考虑，以选择最佳的算法和数据结构。在C语言中，数据结构通常是以数据类型的形式出现的，具体数据类型如图3.1.1所示。

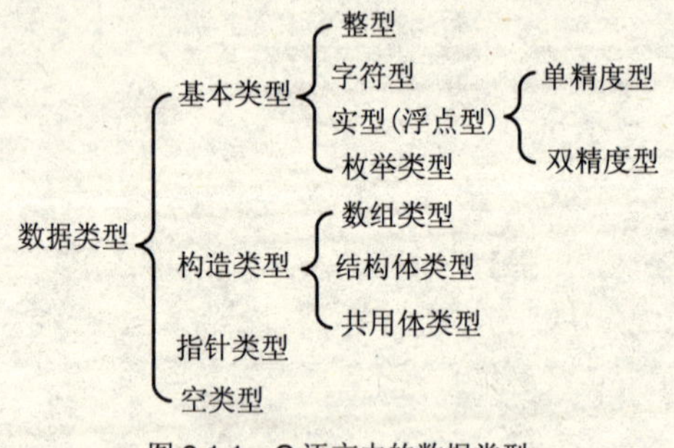

图3.1.1　C语言中的数据类型

第二节　常量与变量

数据是程序的基本组成元素，是被处理的对象，在程序中起到纽带作用，它把程序中的各个函数联系起来，相互配合完成某些功能。因而熟练地掌握数据类型的特点和常量、变量的使用方法，是进行程序编写的基础。

一、常量与符号常量

常量是一种在程序设计过程中类型和值都固定的数据。按照类型的不同可以把常量分为4种，即整型常量、实型常量、字符常量和字符串常量。例如：

22，-5，0.85，3.1415926，'a'，'C'，"World"

常量不仅可以直接表示，也可以用一个标识符来代替，这种用标识符表示的常量称为符号常量，该标识符其实就是常量的别名。符号常量的一般格式如下：

#define 标识符 字符串

注意 #define 表示宏定义命令，一般情况下符号常量名大写，变量名小写，以示区别。在程序中使用符号常量的优点是含义清楚，修改方便。

二、变量

变量就是在程序的运行过程中，其值可以根据需要经常更新的数据。变量分为整型变量、实型变量和字符变量。在 C 语言中，变量的使用必须遵循"先定义，后使用"的原则。定义变量的一般格式如下：

数据类型 变量 1[,变量 2,…];

其中，数据类型可以是 C 语言提供的常见数据类型，也可以是用户自定义的数据类型。例如：

```
int num1,num2;                    /*定义了两个整型变量*/
```

在 C 语言中，每个变量都必须具备以下 4 个基本要素：

（1）变量的数据类型。在 C 语言中，每个变量都有自己固定的数据类型。例如：

```
float f;                          /*变量 f 的数据类型是实型*/
```

（2）变量名。为了区分不同的变量，每个变量必须具有自己的名称，在对变量命名时应该遵循以下 3 点：

1）变量名只能由字母、数字和下画线 3 种字符组成。

2）数字不能作为第一个字符。

3）英文大写字母和小写字母被视为不同的字符。

例如，num，day，mouth，max10，_round 等都是合法的变量名；M.D.jack，￥0617，#80，@chinaren，a>b，deng-lei 等都是不合法的变量名。

（3）变量值。每个变量在定义后必须有一个确定的值与其对应，默认情况下，其值为 0。例如：

```
char c='x';
int n;                            /*系统自动为整型变量 n 赋初值 0*/
```

（4）变量对应的内存空间。当某个变量定义后，系统就自动为其在内存中开辟一个空间。在 C 语言中，系统提供了一个测试某种类型数据所占存储空间长度的运算符"sizeof"，其格式如下：

sizeof(类型表示符)

其中，类型标识符表示该变量的数据类型。

注意 在 C 语言中，英文大写字母和小写字母被认为是两个不同的字符，如 num 和 NUM 就是两个不同的变量名。一般情况下，变量名用小写字母表示，而符号常量名用大写字母表示。

例 3.1 输入圆半径，求圆面积。

程序

```
#include<stdio.h>
#define PI 3.14
main()
{float r,s;
 printf("Input the radius of the round:");
 scanf("%f",&r);
 s=PI*r*r;
 printf("The area of the round is");
 printf("%.2f\n",s);
}
```

输入

Input the radius of the round:3.5↙

输出

```
The area of the round is38.47
```

第三节　整型数据

在C语言中，用于表达和处理整数的数据称为整型数据。整型数据有整型常量和整型变量之分。

一、整型常量

在C语言中，整型常量的表示和使用有3种形式，即八进制（Octal）、十进制（Decimal）和十六进制（Hexadecimal），如表3.1所示。

表3.1　整型常量的表示形式及特点

表示形式	特　点	举　例
八进制	八进制数是以数字0开头，后跟0～7数字序列的整数	例如，022，-016都是合法的八进制数，它们分别表示十进制数18，-14
十进制	十进制数是以正负号（正号可以省略）开头，后跟0～9数字序列的整数	例如，1982，-86都是合法的十进制整数
十六进制	十六进制数是以0x开头，后跟0～9或a～f数字序列的整数	例如，0x13，-0x1D都是合法的十六进制整数，它们分别表示十进制的19，29

例3.2　输入一个十进制整型数据，然后分别以八进制、十进制和十六进制输出。

程序

```
#include<stdio.h>
main()
{int num;
printf("num=");
scanf("%d",&num);
```

```
printf("%d=0%o\n",num,num);
printf("%d=%d\n",num,num);
printf("%d=0x%x\n",num,num);
}
```

输入

```
num=15
```

输出

```
15=017
15=15
15=0xf
```

二、整型变量

根据整型数据的表示范围不同，可以将整型变量分为 3 种。

1. 有符号与无符号基本整型变量

有符号基本整型变量一般用 signed int 表示或直接表示为 int，通常用到的都是有符号基本整型变量；无符号基本整型变量一般用 unsigned int 表示或表示为 unsigned，使用无符号整型变量是为了充分利用变量的表示范围，节约内存。无符号整型变量只能存放不带符号的整数，如 123，456 等，而不能存放负数，如-123，-456 等。

2. 有符号与无符号短整型变量

有符号短整型变量一般用 signed short int 表示或直接用 short 表示；无符号长整型变量一般用 unsigned short int 表示或直接用 unsigned short 表示。

3. 有符号与无符号长整型变量

有符号长整型变量一般用 signed long int 表示或直接用 long 表示；无符号长整型变量一般用 unsigned long int 表示或直接用 unsigned long 表示。

ANSI 标准定义了整型数据的字节长度和取值范围，如表 3.2 所示。

表 3.2　整型数据的字节长度和取值范围

数据类型	字节长度	取值范围
[signed] int	2	−32 768～32 767，即-2^{15}～（$2^{15}-1$）
unsigned [int]	2	0～65 535，即 0～（$2^{16}-1$）
[signed] long [int]	4	−2 147 483 648～2 147 483 647，即-2^{31}～（$2^{31}-1$）
unsigned long [int]	4	0～4 294 967 295，即 0～（$2^{32}-1$）
[signed] short [int]	2	−32 768～32 767，即-2^{15}～（$2^{15}-1$）
unsigned short [int]	2	0～65 535，即 0～（$2^{16}-1$）

表 3.2 中，“[]”内的部分表示可以省略，不影响变量在内存中数的取值范围，如 signed long int 与 long 是等价的。

例 3.3　整型变量 3 种形式的应用。

程序

```
#include<stdio.h>
```

```
main()
{int num1=-1982;                              /*定义有符号基本整型变量并赋值*/
 unsigned num2=1982;
 long num3=-19820617;                         /*定义有符号长整型变量并赋值*/
 unsigned long num4=19820617;
 short num5=-1982;                            /*定义有符号短整型变量并赋值*/
 unsigned short num6=1982;
 printf("%d,%d,%d,%d,%d,%d\n",num1,num2,num3,num4,num5,num6);
 printf("After operation!the number is\n");
 num3=num1+num3+num5;                         /*将 num1，num3 与 num5 之和赋予 num3*/
 num4=num2+num4+num6;                         /*将 num2，num4 与 num6 之和赋予 num4*/
 printf("%d,%d,%d,%d,%d,%d\n",num1,num2,num3,num4,num5,num6);
}
```

输出

```
-1982,1982,-19820617,19820617,-1982,1982
After operation!the number is
-1982,1982,-19824581,19824581,-1982,1982
```

第四节　实型数据

在C语言中，用于表达和处理实数的数据称为实型数据。实型数据有实型常量和实型变量之分。

一、实型常量

实型常量即实数，在C语言中又称为浮点数，实型常量可以用两种形式表示。

（1）普通形式：一般用小数表示，书写时小数点不能省略。如3.14，.15，5.，0.0等，其中，0.0，0.和.0是等价的。

（2）指数形式：即科学计数法，在C语言中，指数的表示主要通过字母“e”或“E”来实现，e或E后跟一个整数表示以10为底数的幂。如3.14e-2表示3.14×10^{-2}，即0.0314；5.14E3表示5.14×10^{3}，即5140。值得注意的是，C语言中规定字母“e”或“E”的前后都必须有数字，并且后面的数字必须为整数，如e5，e.，3.14e2.5等都是不合法的指数形式。

例3.4　输入一个浮点数，然后用科学计数法表示。

程序

```
#include<stdio.h>
main()
{float f;
 printf("f=");
 scanf("%f",&f);
 printf("%f=%e\n",f,f);
```

```
}
```

输入

```
f=3.1415926↙
```

输出

```
3.141593=3.141593e+000
```

二、实型变量

实型变量是用来存储实型数据的，在 C 语言中，可将实型变量分为单精度实型变量、双精度实型变量和长双精度实型变量 3 种。实型数据的字节长度和取值范围如表 3.3 所示。

表 3.3　实型数据的字节长度和取值范围

数据类型	字节长度	有效位	取值范围
单精度（float）	4	7	1e-38～1e+38
双精度（double）	8	15	1e-308～1e+308
长双精度（long double）	16	18	1e-4932～1e+4932

表中的有效位表示数据在前几位之内是有效的，而其后的数字则是计算机的随机数，如单精度数 123456.789 只能保证前 7 位数字的准确性。

例 3.5　实型数据舍入误差的应用。

程序

```
#include<stdio.h>
main()
{float x,y,z;
 x=12345678.9e5;
 y=12.3;
 z=x+y;
 printf("x=%f\n",x);
 printf("y=%f\n",y);
 printf("z=%f\n",z);
}
```

输出

```
x=1234567954432.000000
y=12.300000
z=1234567954432.000000
```

分析

从程序运行结果可以看出，x 的值与 z 的值相等，造成这一结果的原因是由于一个 float 型只能保证数字的前 7 位有效，而后面各位数字是无意义的。

第五节　字符数据

在 C 语言中，用于表达和处理字符的数据称为字符数据。字符数据有字符常量和字符变量之分。

一、字符常量

字符常量是一个用单撇号括起来的字符，如'b'，'B'，'%'，'@'等。在 C 语言中，除了以上形式的字符常量外，还允许某些特殊形式的字符常量存在，这些字符常量是一种“控制字符”，称为转义字符。转义字符在屏幕上不能显示，只能产生相应的功能操作，如转义字符'\r'表示回车。C 语言中常用的转义字符及其含义如表 3.4 所示。

表 3.4　常用的转义字符及其含义

字符形式	含　义	ASCII
\n	换行，从当前位置移到下一行开头	10
\b	退格，从当前位置移到前一列	8
\r	回车，从当前位置移到本行开头	13
\t	水平制表，从当前位置移到下一个 tab 位置	9
\f	换页，从当前位置移到下页开头	12
\\	反斜杠字符“\”	92
\'	单撇号字符“'”	39
\"	双撇号字符“"”	34

表 3.4 中，“转义字符”的含义是将反斜杠“\”后面的字符转换成另外的意思。如'\r'中的“r”并不表示字母 r，而是作为“回车”符；'\f'中的“f”不表示字母 f，而是作为“换页”符。除了表中的转义字符外，C 语言中的字符还可以用“\”加上 1～3 位八进制数表示的 ASCII 码来表示，如“\101”表示字母 A，“\012”表示换行符；此外还可以用“\”加上 1～2 位十六进制数来表示，如“x0c”表示换页符，“x0d”表示回车符等。

例 3.6　转义字符实例。

程序

```
#include<stdio.h>
main()
{printf("\'c program design!\'\n");
 printf("\"c program design!\"\n");
}
```

输出

```
'c program design!'
"c program design!"
```

分析

程序中第一个输出语句中有 3 个转义字符，前两个表示输出单撇号，最后一个表示换行；第二个输出语句也有 3 个转义字符，前两个表示输出双撇号，最后一个表示换行。

二、字符变量

字符变量是用来存储字符常量的。在C语言中，可将字符变量分为有符号字符变量（char）和无符号字符变量（unsigned char）。将一个字符常量存入字符变量中，实际是将该字符的ASCII码存入存储单元中，与整数的存储形式类似，因此一个字符数据既可以以字符形式输出，也可以以整数形式输出。字符数据的字节长度和取值范围如表3.5所示。

表3.5 字符数据的字节长度和取值范围

数据类型	字节长度	取值范围
char	1	-128～127
unsigned char	1	0～255

例3.7 字符变量实例。

程序

```
#include<stdio.h>
#include<stdlib.h>
main()
{char c1,c2;
 c1='a';
 c2=97;
 printf("%c\n",c1);
 printf("%c\n",c2);
}
```

输出

```
a
a
```

分析

字符'a'的ASCII码是97。在本程序中，将字符'a'赋予c1，将数字97赋予c2，然后分别以字符形式输出，结果都是a，可见字符型数据与整型数据之间是可以通用的。

三、字符串常量

在C语言中，使用单个字符的情况较少，大多时候是使用字符串。一般情况下，字符用单撇号括起来，如'a'，'b'等；而字符串用双撇号括起来，如"teacher"，"C Language Program Design!"等。

例3.8 字符串常量实例。

程序

```
#include<stdio.h>
main()
{char c[]="C Language Program Design!"        /*定义一个数组，用于存放字符串*/
 printf("%s\n",c);
```

```
}
```

输出

```
C Language Program Design!
```

注意　在 C 语言中，没有专门的字符串变量，如果将某个字符串存放在变量中，则必须用字符数组，即将字符串中的每个字符存放在数组的单元中。关于数组，我们将在后面的章节中介绍。

第六节　各种数据类型间的混合运算

在 C 语言中，整型数据、实型数据、字符型数据之间可以在同一表达式中进行混合运算。在进行混合运算时，不同类型的数据先要转换成同一类型的数据，然后再进行运算。数据的转换方式有两种，即自动转换和强制转换。

一、自动转换

自动转换的规则有两点，即低类型数据必须转换成高类型数据和赋值符号“=”右边的数据类型转换成左边的类型。具体转换规则如图 3.6.1 所示。

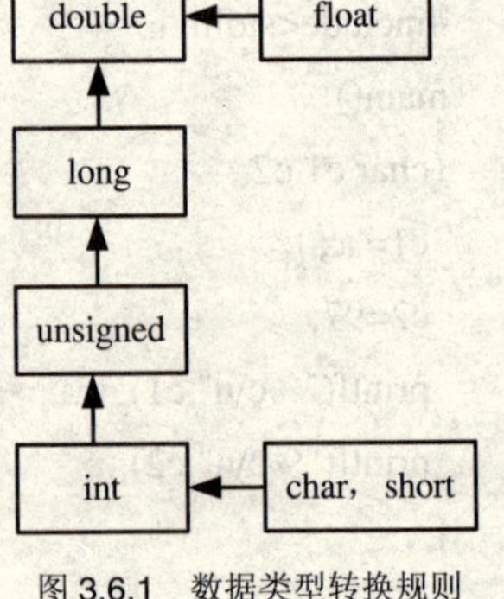

图 3.6.1　数据类型转换规则

注意　图中横向的箭头表示必定的转换，如字符型数据 char 和短整型数据 short 必须先转换成整型数据 int，实型数据 float 必须先转换成双精度型数据 double，然后再进行各种运算；图中纵向箭头表示当运算对象为不同数据类型时的转换方向，如某个 int 型数据和某个 long 型数据进行运算，应先将 int 型转换成 long 型，再进行运算，其结果是 long 型；当进行赋值运算时，将赋值号右边的类型转换成赋值号左边的类型，其结果为赋值号左边的类型。如果赋值号右边为实型 float，左边为整型 int，则转换时应去掉小数部分；若右边是双精度型 double，左边是实型 float，则转换时应作四舍五入处理。

例 3.9　不同类型数据的混合运算实例 1。

程序

```
#include<stdio.h>
main()
{int num1,num2;
 unsigned int num3,num4;
 long num5,num6;
 char c1,c2;
 float f1,f2;
 double d1,d2;
 num2=123;
 num4=456;
```

```
 num6=1234567890;
 c1='a';
 c2='b';
 f2=12.34;
 d2=56.78;
 num1=num2+c1;
 num3=num4-num2;
 num5=num6-num4;
 f1=f2-c2;
 d1=d2-c2;
 printf("num2=%d,num4=%d,num6=%ld,f2=%f,d2=%lf\n",num2,num4,num6,f2,d2);
 printf("num1=%d,num3=%d,num5=%ld,f1=%f,d1=%lf\n",num1,num3,num5,f1,d1);
}
```

输出

```
num2=123,num4=456,num6=1234567890,f2=12.340000,d2=56.780000
num1=220,num3=333,num5=1234567434,f1=-85.660004,d1=-41.220000
```

二、强制转换

前面运算中数据类型的转换都是系统自动进行的，但有时设计者需要自己实现数据类型的转换，这种转换形式称为强制转换。其一般形式如下：

(数据类型名)(表达式)

其中，数据类型名表示要强制转换的类型，表达式表示强制转换的对象。

例如：(float)(ch+flo)表示将表达式(ch+flo)的结果转换成实型数据。

例 3.10　不同类型数据的混合运算实例 2。

程序

```
#include<stdio.h>
main()
{float flo;
 char ch;
 int num=105;
 flo=(float)num;
 ch=(char)num;
 printf("ch=%c,flo=%f\n",ch,flo);
}
```

输出

```
ch=i,flo=105.00
```

分析

本程序中首先定义了一个整型数据 num，然后将它分别强制转换成实型和字符型数据，最后按照各自的数据类型分别输出。

第七节　程序举例

例 3.11　已知三角形的三条边长，求三角形的面积。

算法

在数学中，已知三角形的三边 a，b，c，可得三角形的面积如下：

$$area = \sqrt{s(s-a)(s-b)(s-c)} \qquad s = \frac{a+b+c}{2}$$

注意 三角形三边必须满足 3 点：一是各边边长必须为正数，二是任意两边之和大于第三边，三是任意两边之差小于第三边。

程序

```
#include<math.h>
#include<stdio.h>
main()
{float side1,side2,side3;
 double s,area;
 printf("Please input three sides of trigon\n");
 loop:
 printf("side1=");
 scanf("%f",&side1);
 printf("side2=");
 scanf("%f",&side2);
 printf("side3=");
 scanf("%f",&side3);
 if((side1<=0)||(side2<=0)||(side3<=0))
  {printf("Input error,please input again!\n");
   goto loop;
   }
   else
   {if((((side1+side2)>side3)&&((side1+side3)>side2)&&((side2+side3)>side1)&&(fabs(side1-
    side2)<side3)&&(fabs(side1-side3)<side2)&&(fabs(side2-side3)<side1))
    {s=(side1+side2+side3)/2;
     area=sqrt(s*(s-side1)*(s-side2)*(s-side3));
```

```
    printf("area=%.2f\n",area);
   }
  else
   {printf("Input error,please input again!\n");
    goto loop;
    }
  }
}
```

输入

```
Please input three sides of trigon
side1=-1↙
side2=1↙
side3=2↙
Input error,please input again!
side1=0↙
side2=1↙
side3=2↙
Input error,please input again!
side1=1↙
side2=2↙
side3=3↙
Input error,please input again!
side1=3↙
side2=4↙
side3=5↙
```

输出

```
area=6.00
```

分析

程序中首先输入三角形的三边长，然后使用 goto 循环语句（将在后面介绍）判断三角形三边是否满足条件，最后求出面积并输出。由于要调用数学函数库中的函数，因此必须在程序的开头加一条 #include 命令，把头文件“math.h”包含到程序中。

本章小结

本章首先介绍了 C 语言中的常量与变量的定义及用法，然后结合实例重点介绍了常见的 3 种基本数据类型（整型数据、实型数据和字符型数据）的相关概念，最后介绍了整型数据、实型数据和字符型数据之间的相互转换及混合运算。

习 题 三

一、填空题

1. C 语言中常量包括________、________、________和________。
2. C 语言中数据类型包括________、________、________和________。

二、选择题

1. 下列数据中，不正确的数值或字符常量是（ ）。

   A．0.825e2　　B．5L

   C．0xabcd　　D．o13

2. 以下字符中，不正确的 C 语言转义字符是（ ）。

   A．'\\'　　B．'\018'

   C．'\xaa'　　D．'\t'

3. 若有代数式(ae)/(bc)，则错误的 C 语言表达式是（ ）。

   A．a/b/c*e　　B．a*e/b*c

   C．a*e/b/c　　D．a*e/c/b

三、上机操作题

1. 输入圆柱半径和高，求圆柱表面积。
2. 求一元二次方程 $ax^2+bx+c=0$ 的两个根 x1 和 x2。其中 a，b，c 从键盘输入。

第四章　运算符与表达式

教学目标

本章将介绍 C 语言中的运算符与表达式的种类、优先级和结合性。通过本章的学习，使读者掌握几种常见的运算符和表达式的求值规则和特点，包括算术、关系、逻辑、条件、赋值等运算符和表达式，并掌握不同类型数据之间的转换规律。

教学难点与重点

（1）运算符与表达式的种类。

（2）算术运算符的含义与算术表达式。

（3）关系运算符的含义与关系表达式。

（4）逻辑运算符的含义与逻辑表达式。

（5）其他运算符的应用。

（6）运算符的优先级与结合性。

第一节　运算符与表达式概述

运算符是 C 语言中用于描述数据运算的特殊符号，表达式是基本数据对象和运算符的结合描述。

一、运算符

运算符是表示运算类型和规则的特定符号。C 语言中的运算符按其在表达式中与运算对象的关系（即连接运算对象的个数），可分为单目运算符、双目运算符和三目运算符；按它们在表达式中的作用，可分为 12 种。具体的运算符及其含义如表 4.1 所示。

表 4.1　运算符及其含义

运算符类型	运算符号	含　义
算术运算符	+，－，*，/，%	对数值进行算术常规运算
关系运算符	>，<，>=，<=，==，!=	对具体的数值进行大小比较运算
逻辑运算符	!，&&，‖	对条件的组合判断
位运算符	>>，<<，~，|，^，&	对二进制数进行处理
赋值运算符	=	把表达式的值赋予变量
条件运算符	？：	依据条件判断结果返回相应的值
逗号运算符	,	多个表达式的组合
指针运算符	*，&	指针类型特有的运算
求字节数运算符	sizeof	求取变量存储的字节数
强制类型转换运算符	(类型名)	针对不同数据类型相互转换
分量运算符	.，→	用于结构体成员的引用
下标运算符	[]	用于取数组元素值

二、表达式

在 C 语言中，表达式是通过各种运算符把多个运算对象组合起来而形成的式子，运算对象包括常量、变量和函数。表达式主要有算术表达式、关系表达式、逻辑表达式、赋值表达式、条件表达式和逗号表达式等。表达式无论长短，最终应该计算出一个确定的值，其结果的类型取决于表达式的类型及表达式中混合运算的类型转换。

例如：

```
int num1,num2=15;
float f1,f2=2.15;
char ch1,ch2='a';
num1=f2*ch2-15;
f1=f2*ch2-15;
ch1=f2*ch2-15;
```

上例中，表达式结果的类型取决于表达式的类型，如 num1=f2*ch2-15，其结果是整型；f1=f2*ch2-15，其结果是实型。

第二节　算术运算符与算术表达式

C 语言中的运算符范围很广，除了控制语句和输入输出外的基本操作都作为运算符处理。其中以算术运算符最重要，本节将重点介绍。

一、算术运算符

算术运算符用于对数据进行算术运算。C 语言中的算术运算符及其含义如表 4.2 所示。

表 4.2　算术运算符及其含义

算术运算符	含　义	运算对象	实　例
+	加法运算符或正号	双目、单目运算符	如 25+15，+35
–	减法运算符或负号	双目、单目运算符	如 85－30，－25
*	乘法运算符	双目运算符	如 15*25
/	除法运算符	双目运算符	如 85/15（值为 5）
%	求模运算符	双目运算符	如 85%15（值为 10）

对于算术运算符应注意以下几点：

（1）“+”和“–”运算符既可以作为加法、减法运算符，也可以作为正、负运算符。

（2）在使用“/”运算符时，要注意数据类型，如果操作数都是整数，则结果为两数相除的商；如果操作数都是实数，则结果是实数。

（3）“%”运算符又称为求余运算符，它的操作数都是整数，结果是两数相除的余数。

（4）算术运算符的优先级，可以从以下 3 点理解。

1）先进行乘除运算，再进行加减运算，结合方向是自左至右。

2）取负和自增自减运算符的优先级相同，结合方向是自右至左。

3）取负和自增自减运算符的优先级高于加减乘除运算符。

二、算术表达式

C 语言中的算术表达式是由算术运算符、常量、变量、函数及圆括号组成的。关于算术表达式，应注意以下两点：

（1）双目运算符两侧运算对象的数据类型必须一致，其结果也应与运算对象的数据类型一致。如果数据类型不一致，则系统将自动按照转换规律对其进行转换，然后再进行运算。

（2）两个整数相除，其结果为整数，如 5/2=2，1/2=0；两个整数求模运算，其结果应为这两个整数相除的余数，如 5%2=1，1%2=1。

例 4.1　求任意两个数相除的结果及余数。

程序

```
#include<stdio.h>
main()
{int num1,num2,num3,num4;
 printf("Please input two numbers.\n");
 printf("num1=");
 scanf("%d",&num1);
 printf("num2=");
 scanf("%d",&num2);
 num3=num1/num2;
 num4=num1%num2;
 printf("%d%c%d=%d\n",num1,47,num2,num3);
 printf("%d%c%d=%d\n",num1,37,num2,num4);
}
```

输入

```
Please input two numbers.
num1=15↙
num2=4↙
```

输出

```
15/4=3
15%4=3
```

分析

程序中首先输入两个整型数据 num1 和 num2；然后通过求余运算和求模运算，求出两数相除的商和余数；最后输出运算结果。程序中求余和求模运算符是通过其 ASCII 码输出的。

例 4.2　算术运算符优先级实例。

程序

```
#include<stdio.h>
```

```
main()
{int num1,num2,num3,num4,num5;
 printf("Please input a number.\n");
 printf("num1=");
 scanf("%d",&num1);
 num2=-num1++;
 num3=-++num2;
 num4=--num3;
 num5=num1+num2*num3-num4;
 printf("num3=%d\nnum4=%d\nnum5=%d\n",num3,num4,num5);
}
```

输入

```
Please input a number.
num1=15↙
```

输出

```
num3=13
num4=13
num5=-179
```

第三节　关系运算符与关系表达式

关系运算用于判断关系表达式中运算符左右运算对象的大小，关系的成立是建立在关系表达式结果的基础上的。关系表达式的结果称为逻辑值，即真和假。在 C 语言中，用非零数表示真，用 0 表示假。例如，关系表达式 1<2 的值为真，即 1，关系表达式 1>2 的值为假，即 0。

一、关系运算符

关系运算实际上是逻辑比较运算，它是逻辑运算的一种，用来比较两个数据的大小。常见的关系运算符及其含义如表 4.3 所示。

表 4.3　关系运算符及其含义

关系运算符	含　义	实　例
>	大于	2>4 的值为 0
<	小于	2<4 的值为 1
>=	大于等于	2>=4 的值为 0
<=	小于等于	2<=4 的值为 1
==	等于	2==4 的值为 0
!=	不等于	2!=4 的值为 1

关系运算符<，<=，>，>=的优先级相同，且高于==和!=；==，!=的优先级相同。优先级相同时，关系运算符的结合方向是自左至右。

例如，“1>2==0”等价于“(1>2)==0”，其值为真，即 1；“2<=1!=0”等价于“(2<=1)!=0”，其值为假，即 0；“x=1<=2”等价于“x=(1<=2)”，先判断表达式“1<=2”得 1，然后再将 1 赋予变量 x，

因此 x 的值为 1。

二、关系表达式

关系表达式是由关系运算符连接构成的表达式，其功能是判断关系运算符左右运算对象的大小关系，关系成立与否根据关系表达式的结果进行判断，关系表达式常用于结构语句的条件判断。其一般格式如下：

<表达式><关系运算符><表达式>

其中，表达式可以是算术表达式、关系表达式、逻辑表达式、赋值表达式等。

例如：4>1，b<h，'b'<'h'，a+b<c+d 等都是合法的关系表达式。

但是在关系运算符<=，>=，==，!=中不能有空格。

例如：2<□=5，2!□=5，2=□=5 等都是不合法的关系表达式，其中，□表示空格。

例 4.3　求关系表达式 5>6==0 和 5<=4!=0 的值。

程序

```
#include<stdio.h>
main()
{int num1,num2;
 num1=5>6==0;
 num2=5<=4!=0;
 printf("\'5>6==0\'=%d\n",num1);
 printf("\'5<=4!=0\'=%d\n",num2);
}
```

输出

```
'5>6==0'=1
'5<=4!=0'=0
```

例 4.4　关系运算综合实例。

程序

```
#include<stdio.h>
main()
{int num1,num2,num3,num4;
 float f1,f2;
 printf("Input two float numbers:");
 scanf("%f,%f",&f1,&f2);
 num1=f1>=f2;
 num2=f1<=f2;
 num3=f1==f2;
 num4=f1!=f2;
 printf("\'%.2f>=%.2f\'=%d\n",f1,f2,num1);
```

```
printf("\'%.2f<=%.2f\'=%d\n",f1,f2,num2);
printf("\'%.2f==%.2f\'=%d\n",f1,f2,num3);
printf("\'%.2f!=%.2f\'=%d\n",f1,f2,num4);
}
```

输入

Input two float numbers:30,42.6↙

输出

```
'30.00>=42.60'=0
'30.00<=42.60'=1
'30.00==42.60'=0
'30.00!=42.60'=1
```

分析

在程序第 6 行中，系统获得用户的输入 f1=30，f2=42.6；在程序第 7 行中，将关系表达式 f1>=f2 的值赋予 num1；在程序第 11 行中，将比较形式及其结果输出，“%.2f”表示该实型数据以保留两位小数的形式输出。

第四节　逻辑运算符与逻辑表达式

在 C 语言中，逻辑表达式主要用于对关系表达式之间的关系进行逻辑判断，逻辑运算结果有两种，即非零表示真，0 表示假，如 a&&b，a||b，!a 等。

一、逻辑运算符

逻辑运算符用来对关系表达式或逻辑表达式进行逻辑运算。常见的逻辑运算符及其运算规则如表 4.4 所示。

表 4.4　逻辑运算符及其运算规则

数据 a	数据 b	!a	!b	a&&b	a||b	!(a&&a)	!(a||b)
T	T	F	F	T	T	F	F
T	F	F	T	F	T	T	F
F	T	T	F	F	T	T	F
F	F	T	T	F	F	T	T

在使用逻辑运算符时应注意以下两点：

（1）逻辑运算符的优先级从高到低依次是逻辑非（!）、逻辑与（&&）、逻辑或（||）。逻辑非的优先级高于加、减、乘、除运算符；与取负和自增自减运算符优先级相同；逻辑与的优先级低于关系运算符。

例如：

```
!a*b+!c*d                    /*等价于((!a)*b)+((!c)*d)*/
a>b||c<d&&!e<f               /*等价于(a>b)||((c<d)&&((!e)<f))*/
```

（2）在 C 语言中，1 与非零整数及非'\0'的字符型数据均可以表示真值；0 与'\0'表示逻辑假值。

例如：

```
'\0'&&!a                                /*等价于 0&&!a，结果为 0*/
'a'||'a'>'\0'                           /*等价于 97||97>65，结果为 1*/
```

例 4.5　有 3 个人 A，B，C，每人说一句话如下：

A 说：B 在说谎。

B 说：C 在说谎。

C 说：A 和 B 都在说谎。

试写出能确定谁在说谎的逻辑表达式。

分析

假设整型变量 a，b，c 分别表示 A，B，C 3 个人，其值为 1 表示该人说真话，为 0 表示该人说假话。

A 说：B 在说谎。有两种可能：一是 A 说的是真话，此时 B 确实在说谎，可以用逻辑表达式表示为 A==1&&B==0 等价于 A&&!B；二是 A 在说谎话，此时 B 说的是真话，可以用逻辑表达式表示为 A==0&&B==1 等价于!A&&B。

因此，由 A 说的话可得到逻辑表达式：A&&!B||!A&&B。

同理，由 B 说的话可得到逻辑表达式：B&&!C||!B&&C。

同理，由 C 说的话可得到逻辑表达式：C&&!A&&!B||!C&&A&&B。

由于这 3 个逻辑表达式之间是逻辑与关系，因此可得谁在说谎的逻辑表达式如下：

(A&&!B||!A&&B)&&(B&&!C||!B&&C)&&(C&&!A&&!B||!C&&A&&B)

例 4.6　阅读下列程序，请输出 m，n 及 o 的值。

程序

```
#include<stdio.h>
main()
{int num1,num2,num3,num4;
 int m,n,o;
 num1=1;num2=2;num3=3;num4=4;
 m=n=1;
 o=(m=num1>num2)&&(n=num3>num4);
 printf("m=%d\nn=%d\np=%d\n",m,n,o);
}
```

输出

```
m=0
n=1
p=0
```

分析

在程序中，逻辑表达式“(m=num1>num2)&&(n=num3>num4)”应该是把关系表达式“num1>num2”的值（为 0）赋予 m，把关系表达式“num3>num4”的值（为 0）赋予 n，然后把“m&&n”的值（为 0）赋予 o。但是在实际运算时，首先进行关系表达式“num1>num2”运算，此时 m=0（通常 0&&a(a∈R)

的值依然为 0)，因此，此时 o 的值也为 0，赋值运算(n=num3>num4)就不必进行了，即变量 n 的值仍为初值 1。

二、按位逻辑运算符

按位逻辑运算就是把整型数据转换成二进制数据，然后再执行逻辑运算。常见的按位运算符有与（逻辑乘）、或（逻辑加）、非（逻辑否定）和异或 4 种。

例 4.7　求 33 和 50 的与、或、非及异或值。

算法

首先应把 33 和 50 转换成二进制数。十进制数转换成二进制数，采用的是“除 2 取余法”。其过程是先将十进制数除以 2，得到一个商数和一个余数，再将商数除以 2，又得到一个商数和余数，依次类推，直至商数等于零为止，每次得到的余数就是对应二进制数的各位数字。值得注意的是第一次得到的是二进制数的最低位，最后一次得到的是二进制数的最高位。如把 33 转换成二进制数，具体过程如下：

除数	被除数/商	余数
2	33	
2	16	余数为 1
2	8	余数为 0
2	4	余数为 0
2	2	余数为 0
2	1	余数为 0
	0	余数为 1

最后结果为$(33)_{10}=(100001)_2$。

同理，$(50)_{10}=(110010)_2$。

逻辑与运算，通常用“×”或“∧”来表示，其运算规则是 1∧1=1，1∧0=0，0∧1=0，0∧0=0。例如：$(33)_{10}\wedge(50)_{10}=(100001)_2\wedge(110010)_2=(100000)_2=(32)_{10}$。

逻辑或运算，通常用“+”或“∨”来表示，其运算规则是 1∨1=1，1∨0=1，0∨1=1，0∨0=0。例如：$(33)_{10}\vee(50)_{10}=(100001)_2\vee(110010)_2=(110011)_2=(51)_{10}$。

逻辑非运算，通常用“¯”表示，其运算规则是$\overline{0}=1$，$\overline{1}=0$。例如：

$$\overline{(100001)_2}=(011110)_2$$

$$\overline{(110010)_2}=(001101)_2$$

异或运算，通常用“⊕”表示，其运算规则是 1⊕1=0，1⊕0=1，0⊕1=1，0⊕0=0。例如：

$$(33)_{10}\oplus(50)_{10}=(100001)_2\oplus(110010)_2=(010011)_2=(19)_{10}$$

三、逻辑表达式

逻辑表达式是由逻辑运算符连接构成的表达式，其一般格式如下：

<单目运算符><表达式>或<表达式><双目运算符><表达式>

例如：!a，!(a+b)，a+b&&c<d 等。

逻辑表达式的值是一个逻辑量“真”或“假”，C 语言中用 1 表示“真”，用 0 表示“假”。

例 4.8 逻辑表达式实例。

程序

```
#include<stdio.h>
main()
{int num1,num2,num3,num4;
 printf("Please input two numbers:");
 scanf("%d,%d",&num3,&num4);
 num1=num3<num4&&num3+!num4;
 num2=!num3||num4;
 if(num1==1)
     printf("\'%d<%d&&%d+!%d\'=T\n",num3,num4,num3,num4);
 else
     printf("\'%d<%d&&%d+!%d\'=F\n",num3,num4,num3,num4);
 if(num2==1)
     printf("\'!%d||%d\'=T\n",num3,num4);
 else
     printf("\'!%d||%d\'=F\n",num3,num4);
}
```

输入

```
Please input two numbers:22,24↙
```

输出

```
'22<24&&22+!24'=T
'!22||24'=T
```

分析

在程序第 5 行中，系统获得用户输入的 num3=22，num4=24；在程序第 6 行中，把 num3 与 num4 的值代入逻辑表达式进行逻辑运算，并把运算结果赋予 num1；在程序第 8 行中，进行判断，如果 num1 为 1，则输出表达式的值为真，否则输出表达式的值为假。

例 4.9 分析下列程序的运算结果。

程序

```
#include<stdio.h>
#define PRT(x) printf("%d\n",x)                    /*宏定义*/
main()
{int a,b,c,d,e,f;
 float flo;
 char ch;
 flo=3.14;
```

```
    ch='x';
    a=flo&&ch;
    b=flo||ch;
    c=!flo;
    d=!ch;
    e=!flo&&ch;
    f=!flo||ch;
    PRT(a);
    PRT(b);
    PRT(c);
    PRT(d);
    PRT(e);
    PRT(f);
}
```

输出

```
1
1
0
0
0
1
```

第五节　其他运算符的应用

在 C 语言中，除了前面介绍的算术运算符、关系运算符和逻辑运算符外，还有几种非常重要的运算符及表达式。

一、赋值运算符与赋值语句

赋值运算是 C 语言中最常见、最常用的一种运算。赋值运算符“=”连接的是左边的变量及右边的表达式，其作用是把一个表达式的值或数据赋予一个变量。如 area=pi*r*r 的作用是执行一次赋值操作，把表达式 pi*r*r 的值赋予变量 area。赋值运算符的优先级比较低，只比逗号运算符高。

1. 复合赋值运算符

C 语言为了简化程序并提高编译效率，把赋值符号和其他运算符结合起来，组成复合赋值运算符。其一般格式如下：

<变量名><其他运算符>=<表达式>

相当于

<变量名>=<变量名><其他运算符><表达式>

常见的复合赋值运算符有 10 种，即+=，-=，*=，/=，%=，&=，|=，^=，>>=和<<=。例如：

```
x*=y-z;                          /*相当于 x=x*(y-z)*/
```

2. 嵌套赋值表达式

一个赋值表达式中可以同时包括多个赋值表达式，赋值表达式的值等于左边变量的值，赋值运算符的运算顺序是自右至左。例如：

```
x*=x+=x;                    /*相当于 x=x*(x+=x)=x*(x=x+x)*/
```

例 4.10 嵌套赋值表达式实例。

程序

```
#include<stdio.h>
main()
{int x,y;
 printf("Please input number x=y=");
 scanf("%d",&x);
 y=x;
 x*=x+=x;
 y=y*(y=y+y);
 printf("x=%d\n",x);
 printf("y=%d\n",y);
}
```

输入

```
Please input number x=y=12↙
```

输出

```
x=576
y=576
```

分析

在程序第 5 行中，系统获得用户输入的 x=12；在程序第 6 行中，把 x 的值赋予 y，此时 x=y=12；在程序第 8 行中，先计算 y=y+y，此时 y 的值为 24，该赋值表达式的值也为 24，然后计算 y*24，此时 y 的值不再是 12，而是 24，因而计算结果应是 y=24*24=576。可见表达式 x*=x+=x 与表达式 x=x*(x=x+x)是等价的。

注意 赋值运算符“=”与数学中的等号完全不同，赋值运算符“=”是指要完成“=”右边的运算，并将结果存放到“=”左边指定的内存变量中；而数学中的等号表示在该等号两边的值相等。当执行赋值语句 x=y 时，若 x 为整型变量，而 y 是实型数据，则系统先把 y 转换成整型数据，然后再执行赋值运算。

二、条件运算符

条件运算符是 C 语言中唯一的一个三目运算符，它是由运算符“？”和“:”组合而成的。其一般格式如下：

<表达式 1>?<表达式 2>:<表达式 3>

其含义是根据<表达式 1>进行判断，若<表达式 1>成立，即值为真时，把<表达式 2>的值作为该条件表达式的值并返回；若<表达式 1>不成立，即值为假时，把<表达式 3>的值作为该条件表达式的值并返回。<表达式 1> 是表示条件的关系或逻辑表达式。条件表达式其实相当于一个简单的 if 语句（关于 if 语句，将在下一章介绍），其具体格式如下：

```
if(表达式 1)
    <表达式 2>;
else
    <表达式 3>;
```

例 4.11　求任意 3 个数中的最小者。

方法一：使用 if 语句。

程序

```
#include<stdio.h>
main()
{int x,y,z;
 printf("Please input three numbers:");
 scanf("%d,%d,%d\n",&x,&y,&z);
 printf("x=%d,y=%d,z=%d",x,y,z);
 printf("The least number is");
 if(x<y)
     if(x<z)
         printf("x=%d!\n",x);
     else
         printf("z=%d!\n",z);
 else
     if(y<z)
         printf("y=%d!\n",y);
     else
         printf("z=%d!\n",z);
}
```

输入

Please input three numbers:14,21,24↙

输出

```
x=14,y=21,z=24
The least number is x=14!
```

方法二：使用条件运算符。

算法

假设 3 个数是 x，y，z，最小数用变量 min 表示，用条件表达式表示的形式为

min=(x<y)?(x<z?x:z):(y<z?y:z);

具体 C 语言程序如下：

程序

```
#include<stdio.h>
main()
{int x,y,z,min;
 printf("Please input three numbers:");
 scanf("%d,%d,%d",&x,&y,&z);
 printf("x=%d,y=%d,z=%d\n",x,y,z);
 min=(x<y)?(x<z?x:z):(y<z?y:z);
 printf("The least number is ");
 if(min==x)
      printf("x=%d!\n",x);
 if(min==y)
      printf("y=%d!\n",y);
 else
      printf("z=%d!\n",z);
}
```

输入

Please input three numbers:14,21,24↙

输出

```
x=14,y=21,z=24
The least number is x=14!
```

三、逗号运算符

在 C 语言中，逗号除了用作分隔符外，还可以用作运算符。逗号运算符是一个双目运算符，其作用是把两个表达式连接起来。其一般形式如下：

表达式 1,表达式 2,表达式 3,…,表达式 n

逗号运算符的优先级是所有运算符中最低的，它的运算规则是从左至右。如逗号表达式“x=(y=5,y*5),z”的值为 25。逗号表达式一般并不是计算整个逗号表达式的值，而是对其中的多个表达式分别计算。它常用于 for 循环语句中。

例 4.12　逗号运算符实例。

程序

```
#include<stdio.h>
```

```
main()
{int x,y,z;
 x=10;
 y=15;
 z=20;
 printf("x=%d,y=%d,z=%d\n",x,y,z);
 printf("(x,y,z)=%d,(x,y)=%d,y=%d\n",(x,y,z),(x,y),y);
}
```

输出

```
x=10,y=15,z=20
(x,y,z)=20,(x,y)=15,y=15
```

注意　并不是任何位置出现的逗号都是逗号运算符，如在语句“printf("%d,%d\n",x,y);”中的逗号就不是逗号运算符，而在语句“printf("%d,%d\n",(x,y,z),y);”中(x,y,z)的逗号就是逗号运算符。

四、自增、自减运算符

自增运算符（++）与自减运算符（--）都是单目运算符，其运算对象通常是整型变量，而不是表达式，它们的作用分别是让变量的值加 1 或减 1，如 i++相当于 i=i+1，i--相当于 i=i-1。在进行运算时，运算符可以位于变量的左边，也可以位于变量的右边，具体含义不同。

（1）++i（--i）：含义是在使用 i 之前，先使 i 的值加（减）1。

（2）i++（i--）：含义是在使用 i 之后，使 i 的值加（减）1。

例 4.13　自增、自减运算符实例。

程序

```
#include<stdio.h>
main()
{int i=10;
 int j,k;
 j=i++*5;
 k=++i*5;
 printf("i=%d,j=%d,k=%d\n",i,j,k);
 j=-(i--*5);
 k=-(--i*5);
 printf("i=%d,j=%d,k=%d\n",i,j,k);
}
```

输出

```
i=12,j=50,k=60
i=10,j=-60,k=-50
```

分析

在程序第 5 行中，先将 i 乘以 5 得 50 赋予 j，然后 i 自加，其值为 11；第 6 行中，i 先自加后，再乘以 5 得 60，赋予 k。因此第 1 个输出语句中 i=12，j=50，k=60。第 8 行中，先将 i 乘以 5 得 60，再求反得-60，赋予 j，然后 i 自减 1，其值为 11；第 9 行中，i 先自减 1 后，再乘以 5 得 50，再求反得-50，赋予 k。因此第 2 个输出语句中 i=10，j=-60，k=-50。

除了前面介绍的运算符外，还有强制转换运算符、求字节运算符（sizeof()）等。

第六节　运算符的优先级与结合性

在 C 语言中存在着大量不同的运算符，当多个运算符同时出现在同一表达式中时，就需要依据运算符的优先级进行运算。常见运算符的优先级及结合性如表 4.5 所示。

表 4.5　常见运算符的优先级及结合性

<table>
<tr><th>优先级顺序</th><th>运算符</th><th>对象个数</th><th>结合方向</th></tr>
<tr><td>1</td><td>()，[]，->，.</td><td></td><td>自左至右</td></tr>
<tr><td>2</td><td>!，~，++，--，*（指针），&（取地址），sizeof</td><td>单目运算符</td><td>自右至左</td></tr>
<tr><td>3</td><td>*（乘），/（除），%</td><td>双目运算符</td><td>自左至右</td></tr>
<tr><td>4</td><td>+，-</td><td>双目运算符</td><td>自左至右</td></tr>
<tr><td>5</td><td><<（左移），>>（右移）</td><td>双目运算符</td><td>自左至右</td></tr>
<tr><td>6</td><td><，<=，>，>=</td><td>双目运算符</td><td>自左至右</td></tr>
<tr><td>7</td><td>==，!=</td><td>双目运算符</td><td>自左至右</td></tr>
<tr><td>8</td><td>&（按位与）</td><td>双目运算符</td><td>自左至右</td></tr>
<tr><td>9</td><td>^（按位异或）</td><td>双目运算符</td><td>自左至右</td></tr>
<tr><td>10</td><td>|（按位或）</td><td>双目运算符</td><td>自左至右</td></tr>
<tr><td>11</td><td>&&（逻辑与）</td><td>双目运算符</td><td>自左至右</td></tr>
<tr><td>12</td><td>||（逻辑或）</td><td>双目运算符</td><td>自左至右</td></tr>
<tr><td>13</td><td>?（条件）</td><td></td><td>自右至左</td></tr>
<tr><td>14</td><td>=，+=，-=等</td><td>双目运算符</td><td>自右至左</td></tr>
<tr><td>15</td><td>,</td><td></td><td>自左至右</td></tr>
</table>

注意　对于运算符的优先级应注意以下两点：

（1）同一优先级的运算符，运算次序由结合方向决定，如<和<=都是关系运算符，属于同一优先级，其结合方向是自左至右。

（2）不同的运算符要求有不同的运算对象个数，如<和<=都是双目运算符，需要在运算符的两边各有一个运算对象。

第七节　程序举例

例 4.14　判断下列关系表达式的正误。

(a+b)*c>a+(b*c)

其中，a=15，b=20，c=25。

程序

```
#include<stdio.h>
main()
```

```
{int a,b,c,num;
 char ch;
 a=15;
 b=20;
 c=25;
 num=(a+b)*c>a+(b*c);
 if(num==1)
      ch='T';
 else
      ch='F';
 printf("\'(a+b)*c>a+(b*c)\' is %c.\n",ch);
}
```

输出

```
'(a+b)*c>a+(b*c)' is T.
```

例 4.15 阅读下列程序，写出程序的运行结果。

程序

```
#include<stdio.h>
main()
{int num,num1,num2,num3,num4;
 printf("Please input num1=");
 scanf("%d",&num1);
 num2=++num1*num1++;
 num3=++num2%num1++;
 num4=++num1/num2++;
 num=++num1*num2++-num1/num3+num2*num4;
 printf("num=%d\n",num);
 printf("num1=%d\n",num1);
 printf("num2=%d\n",num2);
 printf("num3=%d\n",num3);
 printf("num4=%d\n",num4);
}
```

输入

Please input num1=10↙

输出

```
num=1838
num1=15
num2=124
num3=2
num4=0
```

分析

在程序第 5 行中，系统获得用户输入的 num1=10；在程序第 6 行中，num1 先加 1 得 11，然后乘以 num1（此时 num1=11）得 121，并将其赋予 num2，此时 num1=12；在程序第 7 行中，num2 先加 1 得 122，然后求模 num1 得 2 并赋予 num3，此时 num1=13，num2=122；在程序第 8 行中，num1 先加 1 得 14，然后除以 num2 得 0 并赋予 num4，此时 num1=14，num2=123；在程序第 9 行中，进行表达式的操作，结果为 1838，由于存在++num1 和 num2++，因而输出 num=1838，num1=15，num2=124，num3=2，num4=0。

例 4.16　编写程序求下列表达式的值，其中字母 a 和 n 由用户输入。

（1）a+=a　　　　（2）a-=2

（3）a*=2+3　　　　（4）a/=a+a

（5）a%=(n%=2)　　　　（6）a+=a-=a*=a

程序

```
#include<stdio.h>
main()
{int a,n,t;
 printf("please input the variables of a and n:");
 scanf("%d,%d",&a,&n);
 t=a;
 printf("(1)%d\t\t",a+=a);
 a=t;
 printf("(2)%d\n",a-=2);
 a=t;
 printf("(3)%d\t\t",a*=2+3);
 a=t;
 printf("(4)%d\n",a/=a+a);
 a=t;
 printf("(5)%d\t\t",a%=(n%=2));
 a=t;
 printf("(6)%d\n",a+=a-=a*=a);
}
```

输入

please input the variables of a and n:12,5↙

输出

```
(1)24           (2)10
(3)60           (4)0
(5)0            (6)0
```

分析

在程序第 5 行中，系统获得用户输入的 a=12，n=5；在程序第 6 行中，通过赋值运算后，变量 a

的值发生了变化，因此，需要对变量 a 重新作赋值运算“a=t”。

本章小结

本章介绍了 C 语言中运算符和表达式的种类，以及常见运算符和表达式的运算规则。重点讲解了算术运算符与算术表达式、关系运算符与关系表达式、赋值运算符与赋值表达式以及逻辑运算符与逻辑运算表达式。此外还介绍了条件运算符与条件表达式、逗号运算符与逗号表达式、自增/自减运算符。

习 题 四

一、填空题

1．在 C 语言中，运算符分为_________、_________和_________。

2．C 语言中的表达式包括__________、__________、__________、__________、__________和__________。

二、选择题

1．在下列运算符中，优先级最高的是（ ）。

A．<=　　B．%

C．=　　D．&&

2．在 C 语言中，float 类型数据占（ ）个字节，char 类型数据占（ ）个字节。

A．1　　B．2

C．4　　D．8

三、上机操作题

1．从键盘任意输入两个整数，判断其大小。

2．写出下列程序的运行结果。

```
#include<stdio.h>
main()
{int i,j,m,n;
 i=8;
 j=10;
 m=++i;
 n=j++;
 printf("i=%d\tj=%d\nm=%d\tn=%d\n",i,j,m,n);
}
```

第五章　顺序结构程序设计

教学目标

顺序结构是使用最普遍的、最基本的结构，这种结构的控制语句按照命令从前到后的排列顺序逐条执行，是系统默认的控制结构，不需要专门的语句来控制。本章将介绍编写简单程序所必需的一些内容，如简单C语句、数据的输入输出、格式的输入输出等。

教学难点与重点

（1）简单的C语句。

（2）字符数据的输入与输出函数。

（3）格式输入函数与输出函数。

第一节　基本C语句

C 程序的基本组成单位是函数，而函数由语句构成，因而语句是 C 程序的基本组成部分。语句能够完成特定的操作，一个语句经编译后产生若干条机器指令，用于完成一定的操作。C语句可以分为5类，即控制语句、表达式语句、复合语句、空语句和函数调用语句。

一、控制语句

控制语句用于控制C程序的执行流程。C语言中的控制语句有9种，分为3类。

1. 选择语句

选择语句包括 if 语句和 switch 语句两种。

例如：求两个数中的较大者。

如果该命题使用 if 语句，则为

```
if(x>y)
    max=x;
else
    max=y;
```

该语句的含义是如果关系表达式 x>y 成立，则将 x 的值赋予 max；否则将 y 的值赋予 max。

如果该命题使用 switch 语句，则为

```
switch(x>y)
case 1:max=x;break;
```

```
default:max=y;
```

该语句的含义是如果关系表达式 x>y 的值为 1，则将 x 的值赋予 max，并退出该语句；否则将 y 的值赋予 max。

2. 循环语句

循环语句包括 for，while 和 do…while 3 种。当循环语句的循环控制语句为真时，反复执行循环体语句，直到循环体语句为假时退出循环体。

例如：求 1+2+3+…+10 的值。

如果该命题使用 for 语句，则为

```
sum=0;
for(i=1;i<=10;i++)
    sum=sum+i;
```

该语句的含义是 i 从 1 开始，每循环一次 sum 都加一次 i，且 i 自加 1，直到 i 的值等于 10 为止。

如果该命题使用 while 语句，则为

```
sum=0;
i=1;
while(i<=10)
{sum=sum+i;
 i++;
}
```

如果该命题使用 do…while 语句，则为

```
sum=0;
i=1;
do
{sum=sum+i;
 i++;
}
while(i<=10)
```

3. 转移语句

转移语句包括 break，continue，return 和 goto 4 种。它们的作用是改变程序原来的执行顺序，并转移到其他位置继续执行。

二、表达式语句

表达式语句由各种类型的表达式和分号构成，赋值语句是表达式语句中最常见的一种。

例如：

```
x=15;                    /*赋值语句*/
x=15                     /*赋值表达式*/
```

三、复合语句

复合语句是由一对大括号“{}”把若干语句括起来构成的语句段。当单一语句位置上的功能必须使用多条语句才能实现时，就需要使用复合语句，它常应用于选择或循环语句中。

例如：

```
{t=a;
 a=b;
 b=t;
}
```

四、空语句

只有一个分号构成的语句称为空语句。它在程序中没有具体作用，有时用来作为被转向点或循环语句中的循环体。

例如：

```
for(i=0;i<10;i++)
;
```

五、函数调用语句

函数调用语句由函数名、带实际参数的圆括号和分号组成，用于对系统库函数或自定义函数的调用。执行函数调用后，程序流程将转到相应的函数中进行执行，等执行完函数中的语句后，又返回到函数调用语句处。

例如：

```
printf("This is a C program!");
```

第二节　字符数据的输入与输出

数据的输入输出是相对计算机主机而言的。从计算机向外部输出设备（如显示器、打印机等）输出数据称为“输出”，从外部输入设备（如键盘、磁盘、光盘、扫描仪等）向计算机输入数据称为“输入”。C 语言本身不提供输入输出语句，输入输出操作是由 C 标准库函数实现的。

C 标准输入输出函数是以标准的输入输出设备为对象。常见的输入输出函数有 putchar（字符输出）、getchar（字符输入）、puts（字符串输出）、gets（字符串输入）、printf（格式输出）和 scanf（格式输入）。在本节中将介绍字符数据的输入与输出。

C 语言中，使用库函数时，需要用预编译命令“#include”把相关的“头文件”包含到用户源文件中。例如，前面在使用数学函数 fabs()，sqrt()时，要用到“math.h”文件；在使用标准输入输出库函数时，要用到“stdio.h”文件，其中“h”是 head 的缩写。一般“#include”命令都在程序的开头。

例如：

```
#include<math.h>
```

```
#include<stdio.h>
```

或者

```
#include"math.h"
#include"stdio.h"
```

注意 在 C 语言中，由于格式输出函数 printf 及格式输入函数 scanf 使用频繁，因此系统允许在使用它们时可以不加#include 命令。

1．getchar 函数

字符输入函数 getchar 的作用是从终端接收输入的一个字符并返回，其返回值为输入的字符。其一般格式如下：

getchar()

该函数不含任何参数，只能接收一个字符，并把这个字符作为函数的返回值。getchar 函数一般用在赋值表达式中，将输入的字符赋予某个变量，无论输入多少个字符，getchar 函数只把第一个字符返回。

例 5.1　从键盘输入两个字符，并输出较大者。

程序

```
#include<stdio.h>
#define PRT(ch) printf("%c",ch)
main()
{char a,b,c;
 PRT('\n');
 a=getchar();
 b=getchar();
 c=a>b?a:b;
 PRT(c);
}
```

输入

ab↙

输出

b

例 5.2　从键盘接收一个字符，如果是大写形式，则将其转换成小写形式；反之转换成大写形式。

程序

```
#include<stdio.h>
#define PRT(a) printf("%c\n",a)
main()
{char ch;
```

```
    printf("Input a letter:");
    ch=getchar();
    if(ch>='a'&&ch<='z')
        PRT(ch-32);
    else if(ch>='A'&&ch<='Z')
        PRT(ch+32);
    else
        printf("error!\n");
}
```

输入

Input a letter:ANDY↙

输出

a

分析

getchar()是标准输入输出函数库中的函数，在使用前应先在程序前加上预编译命令“#include<stdio.h>”；程序中第 2 行是一个输出函数的宏定义（将在下一节介绍）；在程序第 6 行中输入字符串 ANDY，但由于 getchar 只能接收一个字符，所以在程序第 8 行中只输出了一个字符“a”。一般情况下，在 C 系统中，当需要输入一个字符时，如果没有出现终止符（即回车键），输入的字符是不会被 getchar 函数接收的。

2．putchar 函数

字符串输出函数 putchar 的作用是从终端输出一个字符。其一般格式如下：

putchar(ch)

其中，参数 ch 表示要输出的一个字符常量或整型常量，也可以是一个字符变量或整型变量。

例 5.3　putchar 函数实例 1。

程序

```
#include<stdio.h>
main()
{char a,b,c;
 a='M';
 b='a';
 c='n';
 putchar(a);
 putchar(b);
 putchar(c);
 putchar('!');
 putchar('\n');
```

```
}
```

输出

```
Man!
```

例 5.4　putchar 函数实例 2。

程序

```
#include<stdio.h>
main()
{int a=75;
 char b='f';
 putchar(a);
 putchar('\n');
 putchar('b');
 putchar('\n');
}
```

输出

```
K
b
```

分析

在程序第 5 行中，字符输出函数 putchar 的参数是一个整型变量，而其输出结果是这个整型数据的 ASCII 码字符；在程序第 6 行中，putchar 的参数是回车控制字符“\n”，其功能是使光标从当前位置移到下一行开头。

第三节　格式输入与输出

格式输入函数 scanf()和输出函数 printf()是 C 语言标准输入输出库函数中应用最广泛的函数。本节将详细介绍格式输入与输出函数。

1．scanf 函数

scanf 函数用于从终端接收输入的若干数据，数据的类型和格式可以在函数中进行设置。其一般格式如下：

scanf(<格式控制字符串>,<地址列表>)

其中，scanf 包含两部分：第一部分是格式控制字符串，用于定义输入的内容及格式；第二部分是地址列表，它表示要输入的数据列表，可以有一个或多个，表示要通过输入对哪几个变量赋值。值得注意的是，地址列表中有多少变量地址，则格式控制字符串中就应有多少格式控制字符。

在给多个输入项输入数据时，输入的各项信息之间可以用空格、“tab”键或回车键作为分隔符。在 C 语言函数 scanf()中常见格式字符的用法如下：

（1）d 格式符：用来输入十进制整数。

（2）c 格式符：用来输入单个字符。

（3）s 格式符：用来输入字符串，并将字符串送到一个字符数组中。输入时以非空白字符开始，以第一个空白字符结束，字符串以结束标志“\0”作为最后一个字符，系统在字符串的末尾自动加一个“\0”作为结束标志。如“abcdef”共有 6 个字符，但在内存中占了 7 个字节，具体为

a	b	c	d	e	f	\0

（4）f 格式符：用来输入实数，可以用小数形式或指数形式输入。

另外，scanf()函数还有几种附加格式说明字符：一是格式字符前加 h，用于输入短整型数据；二是格式字符前加 l，表示输入长整型数据；三是格式字符前加数字，用来指定输入数据所占的宽度；四是在“%”控制符前加“*”符号，表示本输入项在读入后不赋给相应的变量。

例 5.5　分析下列程序的运行结果。

程序

```
#include<stdio.h>
main()
{int a,b,c;
 char s[4];
 scanf("%d%d%s",&a,&b,s);
 c=a+b;
 printf("%s=%d+%d=%d\n",s,a,b,c);
}
```

输入

4 5 a+b↙

输出

a+b=4+5=9

分析

&a 和&b 中的“&”是地址运算符，&a 是指 a 在内存中的地址，s 是数组 s[4]的首地址，数组地址前不需要加“&”字符，相关内容将在后面章节中介绍。

2．printf 函数

在前面介绍的例题中已经用到了 printf 函数，其功能是向终端输出若干个任意类型、任意格式的数据。其一般格式如下：

printf(格式控制,输出列表)

其中，printf 函数是一个带参数的库函数。格式控制是用双撇号括起来的转换控制字符串，它包含 3 方面的信息：一是格式说明，由字符“%”和格式字符组成，其作用是将待输出的数据转换成指定的格式，如%d，%c，%f 等；二是普通字符，如语句“printf("a=%d,b=%c\n",a,b);”中的“a=”，“b=”，其作用是提示信息，便于理解程序；三是转义字符，输出一些操作行为，如换行“\n”、跳行“\t”、换页“\n”等。输出列表是需要输出的一些数据，可以是常量、变量、函数等各种类型的表达式，每

个表达式之间用逗号隔开，在 C 语言中提供了 printf 函数的格式控制符，如表 5.1 所示。

表 5.1　printf 函数的格式控制符

格式控制符	含　义
%d 或%i	以带符号的十进制数输出整数
%o	以八进制无符号数输出整数
%x 或%X	以十六进制无符号数输出整数
%u	以无符号的十进制数输出整数
%c	输出字符
%s	输出字符串
%f	以小数形式输出实数，默认含有 6 位小数
%e 或%E	以标准指数形式输出实数
%g 或%G	输出%f 和%e 两种格式中长度较短的格式
l	附加格式说明符，可以与 d，o，c，f 等结合输出长整型数据
m.n	附加格式说明符，m 和 n 都表示正整数，其中，m 表示输出数据的总宽度，n 表示输出数据小数部分的位数

注意　格式控制符中由“%”引导的格式字符与输出列表中表达式的个数必须对应。

下面详细介绍 C 语言中几种常见的格式控制符。

（1）d 格式符：d 格式符用来输出十进制整数。有以下 3 种形式：

1）%d：按照整型数据的实际长度输出。

2）%md：输出 m 位整型数据，如果数据的位数小于 m，则在左端补空格；如果数据的位数大于 m，则按实际数据位数输出。

3）%ld：输出长整型数据。

（2）c 格式符：c 格式符用来输出一个字符。一个整型数据，如果它的值在 0～255 范围内，则可以用字符形式输出，系统自动把该数据作为 ASCII 码转换成相应的字符，然后以字符的形式输出；反之一个字符也可以以整型数据的形式输出。

（3）s 格式符：s 格式符用来输出一个字符串。有以下 5 种形式：

1）%s：按照字符串原样输出。

2）%ms：输出 m 位字符串，如果字符串的位数小于 m，则在左端补空格；如果字符串的位数大于 m，则按实际字符串输出。

3）%-ms 与%ms 类似，不同之处是如果字符串长度小于 m，则字符串左对齐，同时右补空格。

4）%m.ns：输出的字符串占 m 列，只取字符串中左端 n 个字符，这 n 个字符串在 m 列的右侧输出，左侧补空格。

5）%-m.ns：与%m.ns 类似，不同的是取出的 n 个字符在 m 列的左侧输出，右侧补空格。

（4）f 格式符：f 格式符用来输出实数（包括单精度、双精度），以小数形式输出。具体有以下 3 种形式：

1）%f：输出全部整数部分，小数部分取 6 位，字段宽度由系统自动指定。

2）%m.nf：指定输出的数据共占 m 列，小数点占一列，小数部分 n 列，如果数值长度小于 m，则左端补空格。

3）%-m.nf：与%m.nf 类似，不同之处是输出的数据向左对齐，右端补空格。

例 5.6　d 格式符实例。

程序

```
#include<stdio.h>
```

```
main()
{int num1,num2;
 num1=1234;
 num2=123456;
 printf("num1=%d\n",num1);
 printf("num1=%2d\n",num1);
 printf("num1=%6d\n",num1);
 printf("num2=%d\n",num2);
 printf("num2=%ld\n",num2);
}
```

输出

```
num1=1234
num1=1234
num1=  1234
num2=-7616
num2=149873216
```

分析

程序中第 1 个 printf 函数是把 num1 按照其实际长度输出；程序中第 2，3 个 printf 函数是把 num1 按照%md 的形式输出，其区别在于第 2 个 printf 函数中 m 小于 num1 的实际长度，而第 3 个 printf 函数中 m 大于 num1 的实际长度；程序中第 4 个 printf 函数是把 num2 按其实际大小输出，由于 num2 超出了整型数据的范围，因而结果为负数；程序中第 5 个 printf 函数是把 num2 按照长整型形式输出。

例 5.7　c 格式符实例。

程序

```
#include<stdio.h>
main()
{int num=99;
 char ch='c';
 printf("%c\n",num);
 printf("%d\n",ch);
}
```

输出

```
c
99
```

分析

程序中第 1 个 printf 函数是把整型数据 num 按照字符形式输出；程序中第 2 个 printf 函数是把字符数据 ch 按照整型形式输出。

例 5.8　s 格式符实例。

程序

```
#include<stdio.h>
main()
{char str[20]={"I am a student."};
 printf("%s\n",str);
 printf("%20s\n",str);
 printf("%10s\n",str);
 printf("%-20s\n",str);
 printf("%-10s\n",str);
 printf("%20.10s\n",str);
 printf("%-20.10s\n",str);
}
```

输出

```
I am a student.
     I am a student.
I am a student.
I am a student.
I am a student.
          I am a stu
I am a stu
```

例 5.9　f 格式符实例。

程序

```
#include<stdio.h>
main()
{float f1=3.1415926;
  float f2=2.15;
  printf("f1=%f\n",f1);
  printf("f2=%f\n",f2);
  printf("f1=%6.3f\n",f1);
  printf("f1=%-6.3f\n",f1);
  printf("f2=%6.3f\n",f2);
  printf("f2=%-6.3f\n",f2);
}
```

输出

```
f1=3.141593
f2=2.150000
f1= 3.142
f1=3.142
f2= 2.150
f2=2.150
```

第四节　程序举例

例 5.10　已知三角形的 3 条边长，求三角形的面积。

算法

在数学中，已知三角形的 3 边 a，b，c，可得三角形的面积如下：

$$area=\sqrt{s(s-a)(s-b)(s-c)}$$

其中，$s=(a+b+c)/2$。

程序

```
#include<math.h>
#include<stdio.h>
main()
{float a,b,c;
 double s,area;
 printf("Please input three sides of trigons:\n");
 printf("a=");
 scanf("%f",&a);
 printf("b=");
 scanf("%f",&b);
 printf("c=");
 scanf("%f",&c);
 s=(a+b+c)/2;
 area=sqrt(s*(s-a)*(s-b)*(s-c));
 printf("area=%.2f\n",area);
}
```

输入

```
Please input three sides of trigons:
a=12↙
b=15↙
c=21↙
```

输出

```
area=88.18
```

分析

程序第 14 行中 sqrt()是求平方根函数。由于要调用数学函数库中的函数，因此必须在程序的开头加一条#include 命令，把头文件“math.h”包含到程序中。

例 5.11 已知圆半径和高，求圆周长、圆面积、圆球表面积、圆球体积、圆柱体积。

算法

在数学中，已知圆半径 r 和高 h，可得圆周长 c=2*pi*r，圆面积 s=pi*r*r，圆球表面积 s1=4*pi*r*r，圆球体积 v1=4*r*r*r/3，圆柱体积 v2=pi*r*r*h。

程序

```
#include<stdio.h>
main()
{float r,h,c,s,s1,v1,v2,pi=3.14;
 printf("Please input the radius and high:\n");
 printf("r=");
 scanf("%f",&r);
 printf("h=");
 scanf("%f",&h);
 printf("The girth c=%.2f\n",2*pi*r);
 printf("The area s=%.2f\n",pi*r*r);
 printf("The surface area s1=%.2f\n",4*pi*r*r);
 printf("The bulk of pellet v1=%.2f\n",4*pi*r*r*r/3);
 printf("The bulk of column v2=%.2f\n",pi*r*r*h);
}
```

输入

```
Please input the radius and high:
r=13↙
h=25↙
```

输出

```
The girth c=81.64
The area s=530.66
The surface area s1=2122.64
The bulk of pellet v1=9198.11
The bulk of column v2=13266.50
```

本章小结

一个完整的程序，都应该是将原始数据输入，经程序处理后，输出有用的信息。C 语言的输入输出功能是由系统提供的输入输出标准函数实现的。本章首先介绍了简单的 C 语句，即控制语句、表达式语句、复合语句、空语句和函数调用语句；接着结合实例介绍了字符数据的输入与输出函数（即 getchar 和 putchar）和格式数据的输入与输出函数（即 printf 和 scanf）。

习 题 五

一、填空题

1．C 语句可分为__________、__________、__________、__________和__________。

2．下面程序不借助任何变量把 a，b 中的值进行交换，补充程序中的空缺。

```
#include<stdio.h>
main()
{int a,b;
 scanf("%d%d",__________);
 a+=__________;
 b=__________;
 a-=__________;
 printf("a=%d,b=%d\n",a,b);
}
```

二、选择题

1．设 x 为 int 型变量，则执行以下程序段后，x 的值为（ ）。

```
x=10;
x+=x-=x-x;
```

A．10　　　　B．20

C．30　　　　D．40

2．若有定义：int a,b,c;，要给变量 a，b，c 输入数据，则正确的输入语句是（ ）。

A．scanf("%d%d%d",&a,&b,&c);　　　　B．scanf("%D%D%D",&a,&b,&c);

C．read(a,b,c);　　　　D．scanf("%d%d%d",a,b,c);

三、上机操作题

1．输入一个华氏温度，要求输出摄氏温度。公式为

$$C=\frac{5}{9}(F-32)$$

输出要有文字说明，取两位小数。

2．编写程序，用分钟来表示 8 时 10 分（以 0 点 0 分作为计算的开始，过 24 时即为 0 时），8 时 10 分通过键盘输入，然后进行输出。

第六章　选择结构程序设计

教学目标

选择结构是结构化程序的3种基本控制结构之一，它解决的问题是判断问题，即在不同的条件下进行相应的操作。在C语言中，分别用if结构、if…else结构、if…else if…else结构及switch语句来实现各类选择结构。本章将对此详细介绍。

教学难点与重点

（1）选择结构的两种语句：if语句和switch语句。

（2）if语句的嵌套。

第一节　概　述

C语言程序是结构化程序，在运行过程中，并不是程序的所有源代码都要依次执行并返回运行结果，而是通过选择结构来实现对代码的选择执行。C程序的选择结构中包含了条件判断语句，运行程序时，应首先进行条件判断，然后根据条件成立与否有选择地执行代码。这种结构设计大大地提高了程序的灵活性，并增强了程序的功能。选择结构程序主要通过if语句和switch语句实现。

例6.1　求给定整数的绝对值。

程序

```
#include<stdio.h>
main()
{int x,y;
printf("Input a number:");
scanf("%d",&x);
if(x>=0)
    y=x;
else
    y=-x;
printf("|x|=%d\n",y);
}
```

输入

```
Input a number:-5↙
```

输出

|x|=5

分析

程序中系统首先获得数据 x，然后进行判断操作，如果 x 大于或等于 0，则输出 x；否则输出-x。

第二节　if 语 句

if 语句是用来判断所给的条件是否成立，根据判断结果（真或假）决定执行给出的多种操作之一。C 语言提供了 3 种形式的 if 语句。

（1）if 结构：根据条件选择执行一条或一组语句。

（2）if…else 结构：根据条件从两条或两组语句中选择执行一条或一组语句。

（3）if…else if…else 结构：根据条件从多条或多组语句中选择执行一条或一组语句。

一、if 结构

if 结构用于根据条件判断是否执行或跳过一条或一组语句，其执行流程如图 6.2.1 所示。

if 结构语句的执行过程是首先判断条件表达式的值，如果其值为真，则执行语句或语句组，然后执行后续语句；否则跳过语句或语句组，直接执行后续语句。

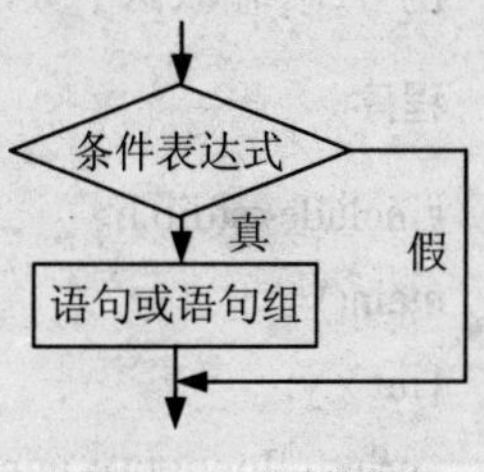

条件表达式
真
假
语句或语句组

图 6.2.1　if 结构流程

例 6.2　求两个数的大小，并输出较大者。

程序

```
#include<stdio.h>
main()
{int x,y;
 printf("Input two numbers.\n");
 printf("x=");
 scanf("%d",&x);
 printf("y=");
 scanf("%d",&y);
 if(x<y)
     x=y;
 printf("The bigger number is %d\n",x);
}
```

输入

```
Input two numbers.
x=12↙
y=21↙
```

输出

```
The bigger number is 21
```

分析

程序中需要 if 结构作两种情况的判断：第一种是 x>=y，直接输出 x；第二种是 x<y，则 x=y，然后输出 x。

注意 在使用 if 结构语句时，应注意以下两点：

（1）if 语句中，表达式的值有两种情况，即真（非零）和假（0）。例如表达式“4<5”的值为真（1），表达式“'A'>'a'”的值为假（0）。

（2）在 if 结构中，当条件表达式成立，即为真时，执行一条或一组语句。

二、if…else 结构

if…else 结构是从两条或两组语句中，根据条件的判断结果选择执行一条或一组语句，其执行流程如图 6.2.2 所示。

if…else 结构语句的执行过程是首先判断条件表达式的值，如果其值为真，则执行语句或语句组 1，然后执行后续语句；否则执行语句或语句组 2，然后执行后续语句。

例 6.3　输入两个数，并按从小到大的顺序输出。

程序

```
#include<stdio.h>
main()
{int x,y;
 printf("Input two numbers.\n");
 printf("x=");
 scanf("%d",&x);
 printf("y=");
 scanf("%d",&y);
 if(x>y)
     printf("From small to big is %d,%d\n",y,x);
     else
     printf("From small to big is %d,%d\n",x,y);
}
```

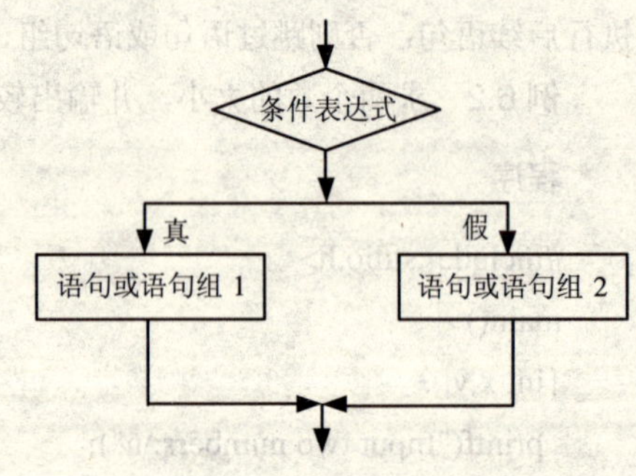

图 6.2.2　if…else 结构流程

输入

```
Input two numbers.
x=12↙
y=21↙
```

输出

```
From small to big is 12,21
```

分析

程序中首先输入两个整数 x 和 y，然后判断两数的大小，如果 x>y，则两数从小到大的顺序是 y，x；否则从小到大的顺序是 x，y。

注意 在使用 if…else 结构时，应注意以下 3 点：

（1）if…else 结构中的 if 子句与 else 子句是一个整体。在使用 if 子句时，不一定使用 else 子句；但在使用 else 子句时，必须使用 if 子句。

（2）if 后面圆括号中的表达式可以是逻辑表达式、关系表达式和算术表达式等。

（3）在 if…else 结构中，if 与 else 之间可以是单条语句，也可以是多条语句集。当一组语句以复合语句的形式使用时，必须使用大括号括起来，以免出现 if 与 else 之间的逻辑分离。

三、if…else if…else 结构

if…else if…else 结构是从多条或多组语句中，根据条件的判定结果选择执行一条或一组语句，其执行流程如图 6.2.3 所示。

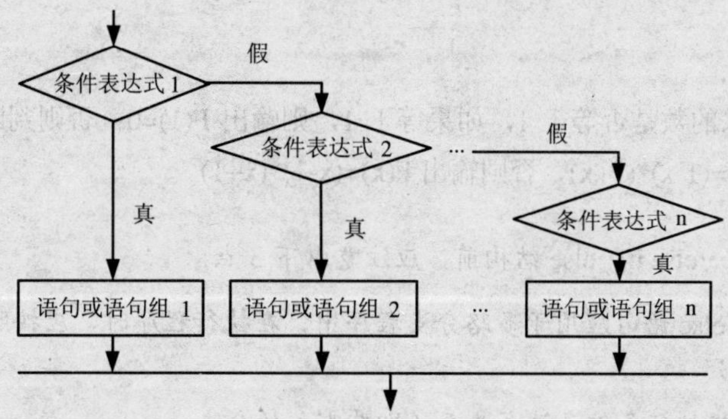

图 6.2.3　if…else if…else 结构流程

if…else if…else 结构语句的执行过程是首先判断条件表达式 1 的值，如果其值为真，则执行语句或语句组 1，然后执行后续语句；否则判断条件表达式 2 的值，如果其值为真，则执行语句或语句组 2，然后执行后续语句；…；否则判断表达式 n 的值，如果其值为真，则执行语句或语句组 n，然后执行后续语句。

例 6.4　求下列分段函数的值。

$$F(x)=\begin{cases}(1-x)*(1+x) & (x<1)\\ 0 & (x=1)\\ (x-1)*(x+1) & (x>1)\end{cases}$$

程序

```
#include<stdio.h>
main()
```

```
{int x;
 printf("Input a number.\n");
 printf("x=");
 scanf("%d",&x);
 if(x==1)
     printf("F(%d)=0\n",x);
 else
     if(x<1)
          printf("F(%d)=%d\n",x,(1-x)*(1+x));
     else
          printf("F(%d)=%d\n",x,(x-1)*(x+1));
}
```

输入

```
Input a number.
x=15↙
```

输出

```
F(15)=224
```

分析

程序中先判断输入的数是否等于 1，如果等于 1，则输出 F(1)=0；否则判断该数是否小于 1，如果小于 1，则输出 F(x)=(1-x)*(1+x)，否则输出 F(x)=(x-1)*(x+1)。

注意 在使用 if…else if…else 结构前，应注意以下 3 点：

（1）if…else if…else 语句应用于多路分支程序中，在执行程序时，应按照书写顺序依次判断条件表达式的真假。

（2）程序中仅选择执行条件表达式为真（即非零）的分支。

（3）在程序的整个执行过程中，仅有一条路径语句被执行。

第三节　if 语句的嵌套

在 C 语言中，除了前面介绍的几种 if 语句外，还有一种特殊的 if 语句，称为嵌套语句。其结构流程如图 6.3.1 所示。

if 语句的嵌套执行过程是首先判断表达式 1 的值，当其值为“真”时，判断表达式 2，如果表达式 2 为“真”，则执行语句或语句组 1，然后执行后续语句；否则执行语句或语句组 2，然后执行后续语句。当表达式 1 的值为“假”时，判断表达式 3，如果表达式 3 为“真”，则执行语句或语句组 3，然后执行后续语句；否则执行语句或语句组 4，然后执行后续语句。在整个 if 语句的嵌套过程中，有且仅有一条路径语句被执行。

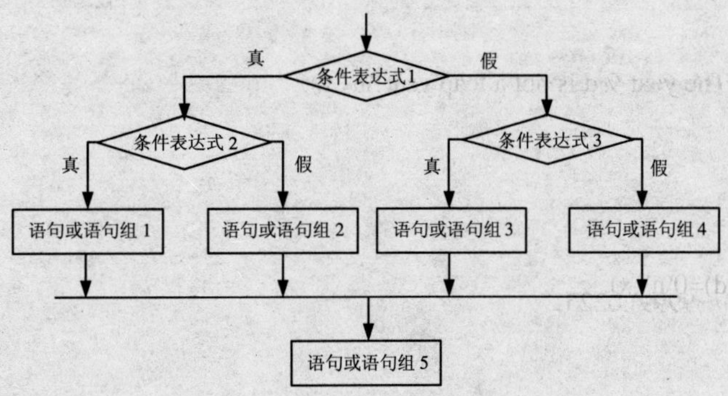

图 6.3.1　if 语句的嵌套流程

例 6.5　输入某个 4 位数年份，判断其是否为闰年。

算法

根据天文历法规定，每 400 年中有 97 个闰年，其余为平年。一般情况下凡满足以下任意一条都是闰年：

（1）凡不能被 100 整除，但能被 4 整除。

（2）凡能被 400 整除。

程序

```
#include<string.h>
#include<stdio.h>
#include<stdlib.h>
main()
{char year[10];int y,flag;
 loop:
 printf("Input a year(1000～9999):");
 scanf("%s",year);
 y=atoi(year);
 if(strlen(year)!=4||(y<1000))
 {
    printf("Input error!\n");
    goto loop;
 }
 else
 {
        if(y%4==0&&y%100!=0||y%400==0)
           flag=1;
        else
           flag=0;
        if(flag)
              printf("The year %d is a leap year!\n",y);
```

```
        else
            printf("The year %d is not a leap year!\n",y);
    }
}
```

输入

```
Input a year(1000~9999):0225↙
```

输出

```
Input error!
```

输入

```
Input a year(1000~9999):2005↙
```

输出

```
The year 2005 is not a leap year!
```

分析

程序中首先判断输入的数是否为 4 位，且首位不能为 0，然后依据算法判断该年份是否为闰年。本程序中使用了库函数 strlen（其作用是统计字符串中字符的个数，不包含终止符“\0”）和库函数 atoi（其作用是将指定的字符串转换成整数），它们分别包含在头文件“string.h”和“stdlib.h”中。

例 6.6　输入一段字符，统计数字、大写字母、小写字母的个数。

程序

```
#include<stdio.h>
#include<string.h>
#include<stdlib.h>
main()
{int big,small,number,other;char c;
 big=small=number=other=0;
 printf("Please input character string(with press \'Enter\' end).\n");
 while((c=getchar())!='\n')
     {
 if(c>='A'&&c<='Z')
     big++;
 else if(c>='a'&&c<='z')
     small++;
 else if(c>='0'&&c<='9')
     number++;
 else
     other++;
     }
```

```
 printf("Big number is %d\n",big);
 printf("Small number is %d\n",small);
 printf("Number is %d\n",number);
 printf("Other letter is %d\n",other);
}
```

输入

```
Please input character string(with press 'Enter' end).
Every night in my dream i see you.↙
```

输出

```
Big number is 1
Small number is 25
Number is 0
Other letter is 8
```

分析

该程序通过一个 while 语句（关于 while 语句，将在第七章介绍）和 if 语句对输入的一行字符（以“\n”为结束符）进行分类汇总。分类的方法是大写字母为一类，小写字母为一类，数字为一类，其他字符为一类。表达式“c>='A'&&c<='Z'”是判断 c 是否为大写字母的条件，表达式“c>='a'&&c<='z'”是判断 c 是否为小写字母的条件，表达式“c>='0'&&c<='9'”是判断 c 是否为数字的条件。此外库函数 getchar 每次读入一个字符存入变量 c 中，包括输入行中空格字符在内。

例 6.7 输入 3 个数 a，b，c，要求按从大到小的顺序输出。

程序

```
#include<stdio.h>
main()
{int a,b,c;
 printf("Please input three numbers.\na=");
 scanf("%d",&a);
 printf("b=");
 scanf("%d",&b);
 printf("c=");
 scanf("%d",&c);
 printf("From big to small ");
 if(a>=b)
     if(b>=c)
          printf("%d,%d,%d\n",a,b,c);
     else
         if(a>=c)
         printf("%d,%d,%d\n",a,c,b);
         else
```

```
        printf("%d,%d,%d\n",c,a,b);
    else
        if(c<=a)
            printf("%d,%d,%d\n",b,a,c);
    else
        if(b<=c)
                printf("%d,%d,%d\n",c,b,a);
    else
                printf("%d,%d,%d\n",b,c,a);
}
```

输入

```
Please input three numbers.
a=12↙
b=21↙
c=15↙
```

输出

```
From big to small 21,15,12
```

分析

本程序是一个典型的 if 语句嵌套问题，其功能是将输入的 3 个变量按照从大到小的顺序输出，输出时没有改变这 3 个数的内存地址。其执行流程如图 6.3.2 所示。

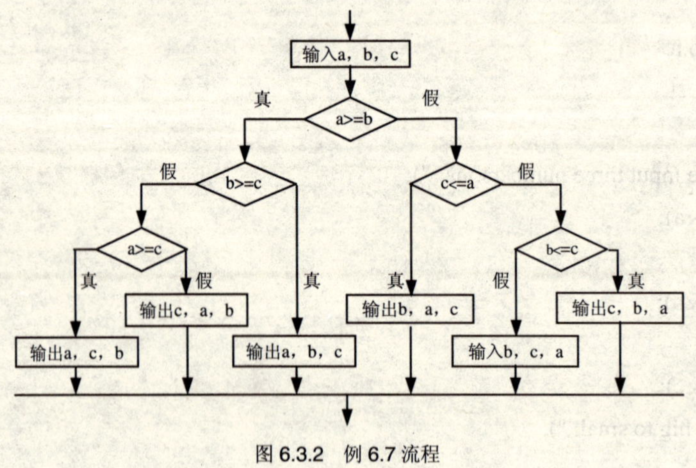

图 6.3.2　例 6.7 流程

第四节　switch 语句

在 C 语言中，使用 if 语句可以实现双分支选择功能，但实际问题中常常需要用到多分支选择（如成绩等级划分、人口类别统计等）。虽然嵌套的 if 语句可以实现多分支的选择功能，但其结构复杂，不易理解。使用 switch 语句可以很方便地构成多分支选择结构。一般情况下，程序中涉及的分支越多，switch 语句的优势越明显。

switch 语句的执行过程是先求解表达式，当表达式的值与某个 case 后面的常量表达式的值相等时，就执行该 case 后面的语句，然后控制流程转移到下一个 case 继续执行；如果所有 case 中常量表达式的值都没有与表达式的值相匹配，则执行 default 后面的语句。

一般情况下，switch 语句和 break 语句是共同作用于某段程序。使用 break 语句可以结束当前的 switch 结构，从而保证一个 switch 语句中，一旦某个常量条件满足，则执行相应的语句后退出分支选择结构，不再执行其他语句组。

switch 语句是多分支选择语句，用来实现多分支选择结构。其执行流程如图 6.4.1 所示。

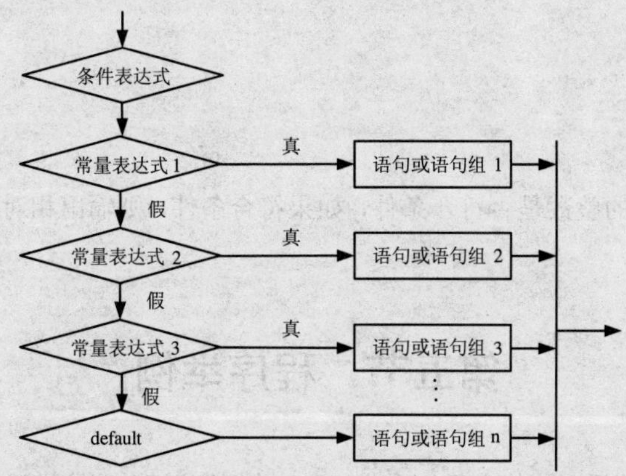

图 6.4.1　switch 语句的流程

例 6.8　输入一个整数，输出与该整数对应的星期英文名称，如输入 4，则输出 THU。

程序

```
main()
{int a;
 loop:
 printf("Input a number:");
 scanf("%d",&a);
 if(a>=0&&a<=6)
 printf("%d is ",a);
 else
     {
  printf("Input error!\n");goto loop;
     }
  switch(a)
     {
 case 0:printf("SUN\n");break;
 case 1:printf("MON\n");break;
 case 2:printf("TUE\n");break;
 case 4:printf("THU\n");break;
 case 5:printf("FRI\n");break;
```

```
 case 6:printf("SAT\n");break;
   }
}
```

输入

Input a number:8

Input error!

Input a number:4↙

输出

4 is THU

分析

程序中首先判断输入的整数是否符合条件，如果符合条件，则输出相对应的信息；否则输出不符合信息，并重新输入。

第五节　程序举例

例 6.9　编写一个运算器，使其实现加、减、乘、除四则运算。在运算时不考虑运算符的优先级，也不允许出现圆括号。例如输入 1+3/2，则计算结果为 2。

程序

```
#include<stdio.h>
main()
{double x,y;char c;
 loop1:
 printf("Input expression:");
 scanf("%lf",&x);
 printf("%.0f",x);
 while((c=getchar())!='\n')
     {
      loop2:
      printf("%c",c);
      scanf("%lf",&y);
      printf("%.0f",y);
      switch(c)
          {
           case '+':x=x+y;break;
           case '-':x=x-y;break;
           case '*':x=x*y;break;
```

```
            case '/':
            if(y!=0)
              x=x/y;
          else
              {
                printf("Input error,input again:");
                goto loop2;
              }
               break;
               default:
              {
                printf("Input error!\n");
                goto loop1;
              }
          }
      }
      printf("=%.2f\n",x);
}
```

输入

Input expression:2+4*2/3+4↙

输出

2+4*2/3+4=8.00

分析

本程序中主要使用了 switch 语句、while 语句和 goto 语句（将在第七章介绍）。程序中首先输入第一个运算数字，然后通过 while 语句判断表达式是否输入结束。在 while 语句中输入第二个运算数字 y，然后依据 switch 语句进行运算操作，通过 goto 语句排除非法操作（如除数为 0，输入不合法运算符等），最后输出运算结果。

例 6.10　运输公司对用户计算运费，路程（s）越远，每公里运费越低。标准如下：

s<250	没有折扣
250≤s<500	2%折扣
500≤s<1000	5%折扣
1000≤s<2000	8%折扣
2000≤s<3000	10%折扣
s≥3000	15%折扣

编写程序实现其计算费用的功能。

算法

设每公里每吨货物的基本费用为 pri，货物重为 wei，距离为 s，折扣为 dis，则总运费为 fee 的计算公式为 fee=pri×wei×s×(1-dis)。

由标准可知，折扣的“变化点”都是 250 的倍数，利用这一特点，可以设一个变量 c=s/250，

当 c<1 时，表示 s<250，无折扣；

当 1≤c<2 时，表示 250≤s<500，dis=2%；

当 2≤c<4 时，表示 500≤s<1000，dis=5%；

当 4≤c<8 时，表示 1000≤s<2000，dis=8%；

当 8≤c<12 时，表示 2000≤s<3000，dis=10%；

当 c≥12 时，表示 s≥3000，dis=15%。

程序

```
#include<stdio.h>
main()
{int c,s;float pri,wei,dis,fee;
 printf("Pri=");
 scanf("%f",&pri);
 printf("Wei=");
 scanf("%f",&wei);
 printf("S=");
 scanf("%d",&s);
 if(s>=3000)
     c=12;
 else
     c=s/250;
 switch(c)
 {
   case 0:dis=0;break;
   case 1:dis=2;break;
   case 2:
   case 3:dis=5;break;
   case 4:
   case 5:
   case 6:
   case 7:dis=8;break;
   case 8:
   case 9:
   case 10:
   case 11:dis=10;break;
   case 12:dis=15;break;
 }
 fee=pri*wei*s*(1-dis/100.0);
```

```
printf("fee=%.2f\n",fee);
}
```

输入

Pri=200↙

Wei=30↙

S=400↙

输出

```
fee=2352000.00
```

本章小结

根据某种条件的成立与否而采用不同的程序段进行处理的程序结构称为选择结构。选择结构可分为简单分支和多分支两种情况。采用 if 语句实现简单分支结构程序，用 switch 和 break 语句实现多分支结构程序，且嵌套的 if 语句可以实现 switch 语句的功能。本章主要介绍了选择结构的两种语句 if 语句和 switch 语句。

习 题 六

一、填空题

1．语句“20<x<30 或 x<-100”用 C 语言表示是__________。

2．若 a=3，b=2，c=1，执行语句“if(a>c);b=a;a=c;c=b;”，其结果是 a=__________，b=__________，c=__________。

二、选择题

1．下列运算符中优先级最高的是（ ）。

A．!　　B．%　　C．-=　　D．&&

2．在 C 语言中，能代表逻辑“真”的是（ ）。

A．true　　B．大于 0 的数　　C．非零的整数　　D．非零数

3．以下语句的输出结果是（ ）。

printf("%d\n",!9);

A．有语法错误，不能执行　　B．0　　C．1　　D．-9

三、上机操作题

1．编写程序，输入一名学生的生日（年：y0，月：m0，日：d0）并输入当前的日期（年：y1，月：m1，日：d1），输出该学生的实际年龄。

2．给定一个不多于 5 位的正整数：（1）求出它是几位数；（2）分别打印出每一位数字。

第七章　循环结构程序设计

教学目标

结构化程序由顺序结构、选择结构和循环结构组成。前面章节已经介绍了顺序结构和选择结构。本章将介绍几种常见的循环结构语句，如 goto 语句、while 语句、for 语句等。

教学难点与重点

（1）循环语句 goto 语句、while 语句和 for 语句。

（2）循环控制语句 break 语句和 continue 语句。

（3）几种循环语句的区别与联系。

第一节　概　述

循环结构是 3 种基本结构之一，是处理问题的基本框架。C 语言提供了 4 种类型的循环语句，即 while 语句、do…while 语句、for 语句和 goto 语句。虽然循环语句在处理问题时的执行顺序、执行次数、定义格式及关键字不同，但它们都是由循环条件和循环体两部分组成的，相互之间可以进行转换。

第二节　goto 语 句

goto 语句为无条件转向语句，它是由语句组和语句标号组成的，其一般格式如下：

语句标号

　⋮

goto 语句标号

其中，语句标号用标识符表示，它的定义规则与定义变量相同。

例 7.1　计算从 1 加到 10 的结果：1+2+3+…+10。

程序

```
#include<stdio.h>
main()
{int i,num;
 i=1;
 num=0;
 loop:
 if(i<=10)
```

```
 {
   num=num+i;
   i++;
   goto loop;
 }
 printf("1+2+3+…+10=%d\n",num);
}
```

输出

1+2+3+…+10=55

例 7.2　计算从 1 乘到 10 的结果：1×2×3×…×10，即求 10!。

程序

```
#include<stdio.h>
main()
{long i,num;
 i=num=1;
 loop:
 num=num*i;
 i++;
 if(i<=10)
    goto loop;
 printf("1×2×3×…×10=%ld\n",num);
}
```

输出

1×2×3×…×10=3628800

分析

本程序中使用了当型循环结构，即当满足“i<11”时执行大括号内的循环体。本程序除了使用 goto 语句外，还可以使用 for 语句、while 语句、do…while 语句实现。使用 for 语句实现的具体程序如下：

```
#include<stdio.h>
main()
{long i,num;
 num=1;
 for(i=1;i<=10;i++)
 num=num*i;
 printf("1×2×3×…×10=%ld\n",num);
}
```

注意 一般情况下，不主张使用 goto 语句，因为滥用 goto 语句可能导致程序流程无规律，可读性差。goto 语句的所有功能可以由其他循环语句代替实现。

第三节　while 语 句

在 C 语言循环控制结构中，while 循环和 do…while 循环功能强大、操作简单、易于理解，本节将结合实例详细介绍这两种循环结构。

一、do…while 语句

do…while 语句用来实现“直到型”循环结构，其一般格式如下：

```
do
{
    循环体语句;
}
while(表达式);
```

do…while 语句的执行过程是先执行一次循环体语句，然后判断表达式，如果表达式成立，则重新执行循环体，如此往复，直到表达式不成立为止；如果表达式不成立，则退出循环体。其执行流程如图 7.3.1 所示。

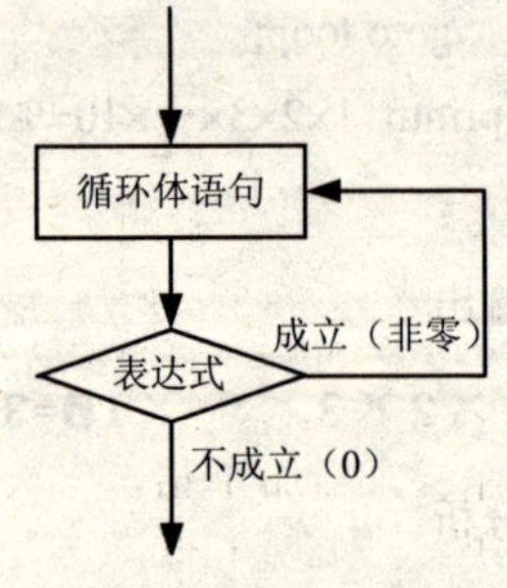

图 7.3.1　do…while 语句流程

例 7.3　使用 do…while 语句求 10!。

程序

```
#include<stdio.h>
#include<stdlib.h>
main()
{int i;
 long num;
 i=1;
 num=1;
 do
 {
   num=num*i;
   i++;
 }
   while(i<11);
    printf("1×2×3×…×10=%ld\n",num);
}
```

输出

```
1×2×3×…×10=3628800
```

分析

本程序中使用了直到型循环结构，首先执行循环语句中的语句，然后判断 i 是否满足“i<11”，如果满足，则重新返回到循环体继续执行；否则退出循环体。

在使用 do…while 语句时，应注意以下几点：

（1）在书写该循环语句时，为了使结构明了，关键字“do”应独立成行。

（2）关键字 while 中的表达式书写必须合法且合理，以免使程序出现死循环，还有表达式要用“()”括起来，后面一定要加“;”。

（3）在循环体中，一定要有趋于循环结束的语句（如在例 7.3 中语句“i++;”）。

二、while 语句

while 语句用来实现“当型”循环结构，其一般格式如下：

```
while(表达式)
{
    循环体语句;
}
```

while 语句的执行过程是先进行循环条件判断，一般是逻辑表达式或关系表达式，如果表达式成立（即非零），则执行一次循环体语句，然后再判断表达式，如此往复，直到表达式不成立为止；当表达式不成立（即 0）时，则退出循环体。其执行流程如图 7.3.2 所示。

例 7.4　国王的许诺问题。相传国际象棋是古印度舍罕王的宰相达依尔发明的。舍罕王非常喜欢象棋，决定让宰相自己选择奖赏。聪明的宰相指着共 64 格的象棋说：“陛下请赏给我一些麦子吧，就在棋盘的第 1 个格子放 1 粒，第 2 个格子放 2 粒，第 3 个格子放 4 粒，依次类推，以后每个格子都比前一个格子增加 1 倍，依次把棋盘放满”。请问舍罕王要赏宰相多少粒麦子，合多少立方米（已知 1 立方米约有麦子 1.42e8 粒）。

算法

这是一个典型的等比数列问题，麦子总数 $sum=1+2+2^2+2^3+\cdots+2^{64}$。对于此类问题，可以采用累加的方法，即可求累加和 sum。依题可得累加项的通式为 $term=2^{n-1}$（即 term=pow(2,n-1)，其中 pow 表示库函数，2 表示底数，(n-1)表示指数）。于是可得麦子总数 sum=sum+ pow(2,n-1)，其中，sum 的初值为 0，n∈[1,64]。其流程图如图 7.3.3 所示。

程序

```
#include<math.h>
#include<stdio.h>
#define CONST 1.42e8
main()
{int count;
```

```
    double term,sum;
    count=0;
    sum=0;
    while(count<64)
    {
        term=pow(2,count);
        sum=sum+term;
        count++;
    }
    printf("The total of wheat is %e\n",sum);
    printf("The volume of wheat is %e\n",sum/CONST);
}
```

输出

```
The total of wheat is 1.844674e+019
The volume of wheat is 1.299066e+011
```

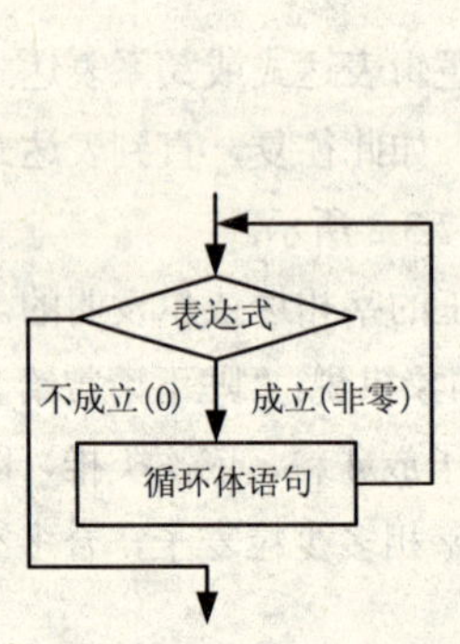

图 7.3.2　while 语句流程

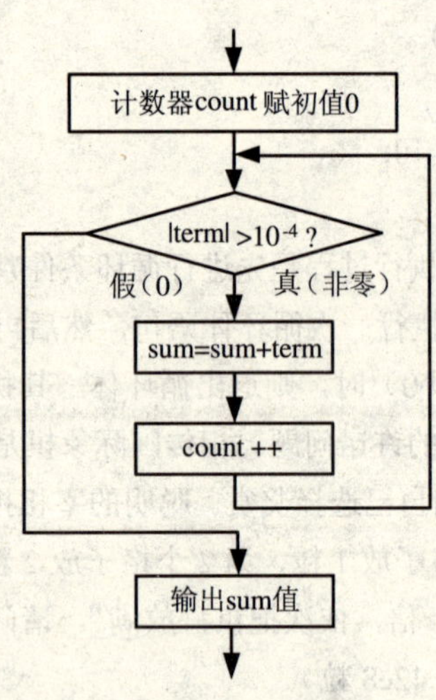

图 7.3.3　国王的许诺问题流程

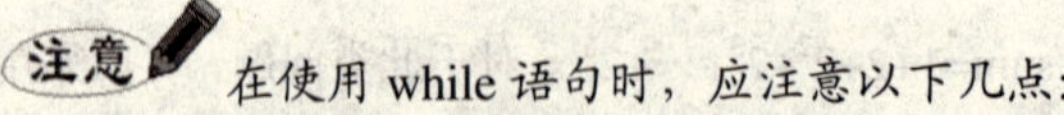

注意　在使用 while 语句时，应注意以下几点：

（1）在开始执行循环体前，如果不满足判断条件，则不执行循环体语句。

（2）如果循环体中包含一个以上的语句，即复合语句时，应该用“{}”括起来。

（3）在循环体中，一定要有趋向于循环结束的语句。

三、while 语句与 do…while 语句的区别

在 C 语言中，while 语句和 do…while 语句在处理同一个循环问题时，它们的结果是相同的，尽管如此，它们之间也存在以下不同点：

（1）while 循环表达式的圆括号外没有“；”，而 do…while 循环表达式圆括号外有“；”。

（2）while 循环是当型循环结构，而 do…while 循环是直到型循环结构。

（3）如果 while 循环表达式的值一开始就为假（即 0），则两种循环体的结果是不同的。

例 7.5　while 语句与 do…while 语句的区别实例。

程序

```
#include<stdio.h>                              /*while 语句实例*/
main()
{int i=1;
 while(i<1)
 {
        i=10;
 }
 printf("i=%d\n",i);
}
```

输出

```
i=1
```

程序

```
#include<stdio.h>                              /*do…while 语句实例*/
main()
{int i=1;
 {
      i=10;
   }
 while(i<1);
 printf("i=%d\n",i);
}
```

输出

```
i=10
```

第四节　for 语 句

for 语句用于实现当型循环结构，其使用方法灵活，在 C 程序设计过程中应用频率最高。其一般格式如下：

```
for(表达式 1;表达式 2;表达式 3)
{
    循环体语句;
}
```

其中，表达式 1 用于初始化循环控制变量；表达式 2 用于判断循环是否重复执行，即判断循环结束标志；表达式 3 用于增加循环控制变量。

for 语句的执行过程如下：

（1）求解表达式 1。

（2）求解表达式 2，如果它的值为真（即非零），则执行 for 循环体中的语句，同时执行第（3）步；否则执行第（5）步。

（3）求解表达式 3。

（4）执行第（2）步。

（5）结束循环，退出 for 循环体。其执行流程如图 7.4.1 所示。

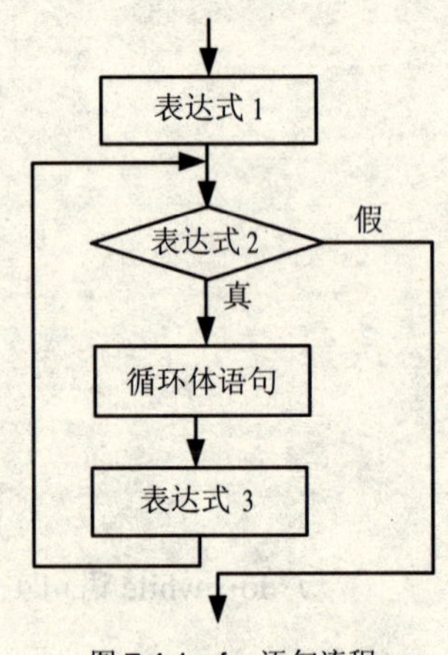

图 7.4.1　for 语句流程

注意 对于 for 循环语句，应该注意以下两点：

（1）这 3 个表达式之间用分号隔开，表达式可以省略不写，但是分号不能省略。

（2）这 3 个表达式可以是任意合法的 C 语言表达式。当程序需要对多个变量赋初始值时，表达式 1 可用逗号表达式顺序地执行多个操作；表达式 3 也相同。

例如：

```
int i,j,num=0;
for(i=1,j=1;i<10;i++,j++)
{
    num=num+i+j;
}
```

一、简单 for 语句

例 7.6　检测给定的某个整数是否为质数。

算法

质数又称为素数，指除 1 和它本身外不能被其他任何数整除的整数，如 2，3，5，7，11 等。因而测试某个数 n 是否为质数，只须测试 n 能否被 2，3，4，…，n-1 整除，如果不能被整除，则是质数，否则不是质数。

程序

```
#include<stdio.h>
main()
{int i,num,flag;
 flag=0;
 printf("Input a number:");
 scanf("%d",&num);
 if(num<2)
    printf("The number %d is not a prime number.\n",num);
 else
 {
    for(i=2;i<num;i++)
        if(num%i==0)
        {
          flag=1;
          break;
        }
      printf("The number %d is ",num);
      if(flag==1)
          printf("not a prime number.\n");
      else
          printf("a prime number.\n");
   }
}
```

输入

Input a number:13↙

输出

The number 13 is a prime number.

分析

一般情况下，n 若不能被 2，3，4，…，$\sqrt{n}$ 整除，则 n 是质数。由于 $\sqrt{n} \leqslant n$，因而程序中第 11 行的 i<num 可以改为 i<=sqrt(num)，可以减少循环的次数，提高程序执行的效率。由于 sqrt()函数在 math.h 中定义，因此在程序执行前要加预处理命令#include<math.h>。

二、for 语句的嵌套

在 C 语言中，经常需要把一个循环结构作为另一个循环结构的循环体，这种语句称为循环的嵌套。循环的嵌套包括二重循环和多重循环，一般情况下循环的嵌套都是由 for 语句来完成的。本小节将重点介绍 for 语句的二重循环。for 语句二重循环的一般格式如下：

```
for(表达式 1;表达式 2;表达式 3)
{
      循环体语句 1;
      for(表达式 4;表达式 5;表达式 6)
      {
            循环体语句 2;
      }
      循环体语句 3;
}
```

for 语句嵌套的执行过程如下：

（1）求解表达式 1。

（2）求解表达式 2，如果它的值为真（即非零），则执行循环体语句 1，接着执行第（3）步，最后执行表达式 3，依次类推；否则执行第（5）步。

（3）求解表达式 4，然后执行并判断表达式 5，如果它的值为真（即非零），则先执行循环体 2，然后执行表达式 6，依次类推；否则退出第 2 层 for 循环体。

（4）先执行循环体语句 3，然后执行第（2）步。

（5）结束循环，退出整个 for 循环体。其执行流程如图 7.4.2 所示。

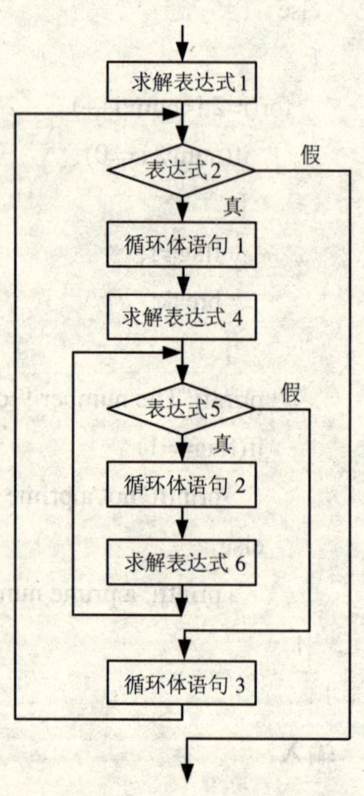

图 7.4.2　for 语句嵌套流程

例 7.7　使用 for 语句打印以下图案。

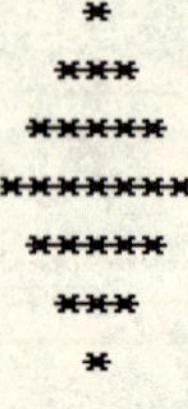

程序

```
#include<stdio.h>
main()
{int i,j,k;
 for(i=0;i<=3;i++)                          /*输出图形的前 4 行*/
 {
   for(j=0;j<=2-i;j++)                      /*输出前 4 行中的空格*/
       printf(" ");
   for(k=0;k<=2*i;k++)                      /*输出前 4 行中的星号*/
       printf("*");
 printf("\n");
 }
```

```
  for(i=0;i<=2;i++)                              /*输出后 3 行*/
  {
    for(j=0;j<=i;j++)                            /*输出后 3 行中的空格*/
       printf(" ");
    for(k=0;k<=4-2*i;k++)                        /*输出后 3 行中的星号*/
       printf("*");
    printf("\n");
  }
}
```

例 7.8　甲、乙两个球队进行比赛，各出 3 人。甲队是 A，B，C；乙队是 X，Y，Z。已知 A 不可能与 X 比赛，C 不可能与 X，Z 比赛。请编写比赛名单。

算法

依据题意 X 既不可能与 A 比赛，又不可能与 C 比赛，则 X 一定与 B 比赛；又已知 Z 不可能与 C 比赛，则 Z 一定与 A 比赛；那么剩下 Y 与 C 比赛。具体比赛情况如图 7.4.3 所示。

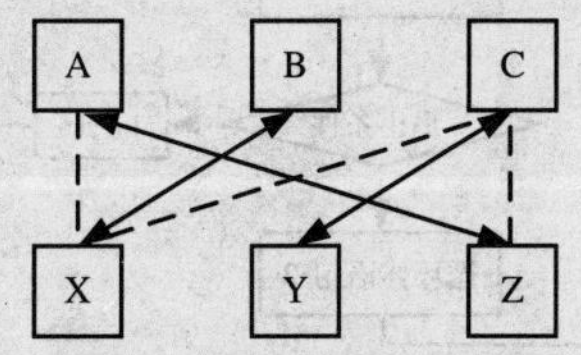

图 7.4.3　6 名队员对阵图

图 7.4.3 中，实线表示选手对阵情况，虚线表示不能出现的对阵情况。

本题可以使用 for 语句实现。假设 A 与 i 比赛，B 与 j 比赛，C 与 k 比赛。其中 i，j，k 分别是 X，Y，Z 之一，且互不相等。

程序

```
#include<stdio.h>
main()
{char i,j,k;
 for(i='X';i<='Z';i++)
 for(j='X';j<='Z';j++)
 if(i!=j)
    for(k='X';k<='Z';k++)
        if(i!=k&&j!=k)
           if(i!='X'&&k!='X'&&k!='Z')
               printf("A-->%c\nB-->%c\nC-->%c\n",i,j,k);
}
```

输出

```
A-->Z
B-->X
C-->Y
```

第五节　循环控制语句

在前面的例题中曾多次用到 break 关键字，它的作用是跳出当前循环语句，继续执行下面的语句。在 C 语言中，像这类从循环体中强制退出的语句，称为循环控制语句。常见的循环控制语句有 break 语句和 continue 语句。本节将结合实例介绍这两种语句的具体用法。

一、break 语句

break 语句主要用于 switch 语句和循环语句，起到结束循环、跳出循环体的作用。其执行流程如图 7.5.1 所示。

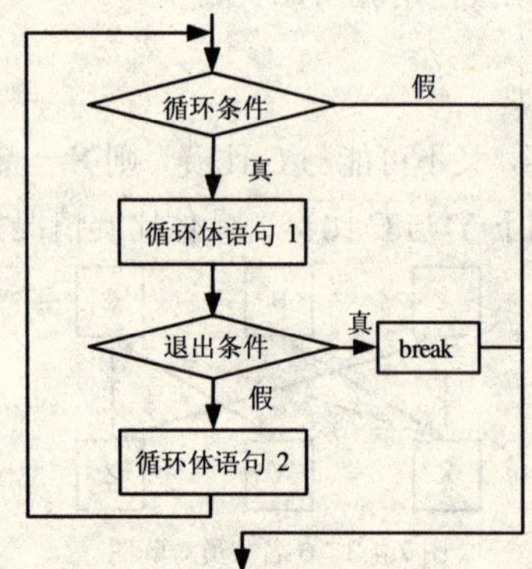

图 7.5.1　break 语句流程

例 7.9　输出两位数中个位和十位的乘积大于个位和十位的和的所有整数。

算法

从 10 开始取数，把数字的十位赋给变量 r，把数字的个位赋给变量 q，然后进行条件判断，如果满足条件，则输出该数，并统计满足条件数的个数；否则退出循环。

程序

```
#include<stdio.h>
main()
{int k,r,q,n;
 k=10;
 n=0;
 while(k)
 {
  if(k==100)
     break;
  r=k/10;
  q=k%10;
     if(r*q>r+q)
     {
```

```
        if(n%8==0)
            printf("\n");
        printf("%3d",k);
        n++;
        }
        k++;
    }
    printf("\nThe total of this type numbers is %d\n",n);
}
```

输出

```
 23 24 25 26 27 28 29 32
 33 34 35 36 37 38 39 42
 43 44 45 46 47 48 49 52
 53 54 55 56 57 58 59 62
 63 64 65 66 67 68 69 72
 73 74 75 76 77 78 79 82
 83 84 85 86 87 88 89 92
 93 94 95 96 97 98 99
The total of this type numbers is 63
```

二、continue 语句

continue 语句的作用是结束本次循环，即跳过循环体中 continue 语句后面的语句，开始下一次循环。continue 语句只能应用于循环体中，其执行流程如图 7.5.2 所示。

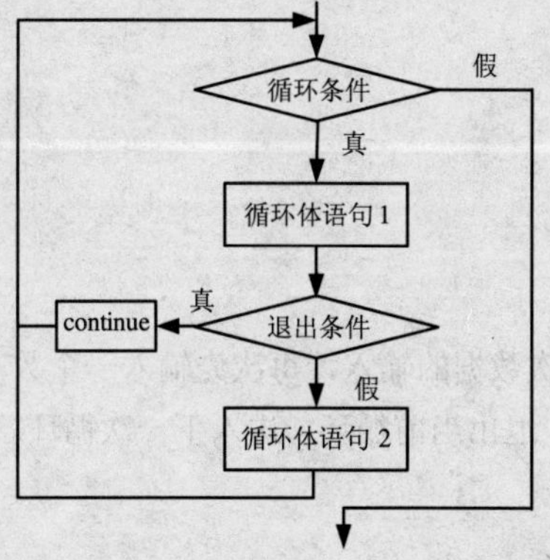

图 7.5.2　continue 语句流程

例 7.10　任意输入 10 个非零整数，将其中的正数累加起来后输出，负数不进行累加。

程序

```
#include<stdio.h>
main()
{int sum,i,n;
 sum=0;
 printf("Input 10 numbers:\n");
```

```
for(i=0;i<10;i++)
{
    printf("n=");
    scanf("%d",&n);
    if(n<0)
      continue;
    sum=sum+n;
  }
    printf("Sum=%d\n",sum);
}
```

输入

```
Input 10 numbers:
n=12↙
n=-2↙
n=-3↙
n=-5↙
n=10↙
n=5↙
n=4↙
n=-5↙
n=-3↙
n=-6↙
```

输出

```
Sun=31
```

分析

程序中使用 for 语句控制 10 次数据的输入，每次先输入一个数，然后判断其正负，如果是正数，则累加；否则使用 continue 语句，退出当前循环，进入下一次循环。程序中也可以不使用 continue 语句，而使用 for 语句：

```
for(i=0;i<10;i++)
{
     printf("n=");
     scanf("%d",&n);
     if(n>0)
          sum+=n;
}
```

注意 continue 语句与 break 语句的区别：continue 语句只能结束本次循环，不能终止整个循环；break 语句是终止整个循环过程，跳出循环。

第六节　几种循环语句的区别

C 语言中的各种循环结构并不是孤立存在的，而是相互联系的，具体表现在以下几点：

（1）一般情况下，while 语句、do…while 语句、for 语句和 goto 语句 4 种循环语句在处理同一问题时可以相互代替。

例 7.11　求 10 个整数中的最小值。

算法

从键盘输入第一个数，并把它赋予最小数 min，以后每输入一个数就与 min 比较，如果输入的数小于 min，则将该数赋予 min，当 10 个数输入完毕后，输出最小值 min。

程序

```
/*while 结构*/
#include<stdio.h>
main()
{int i,num,min;
 i=2;
 printf("Input 10 numbers:\n");
 scanf("%d",&min);
 while(i<=10)
 {
  scanf("%d",&num);
  if(num<min)
     min=num;
  i++;
 }
  printf("The min=%d\n",min);
 }
/*do…while 结构*/
#include<stdio.h>
main()
{int i,num,min;
  i=2;
  printf("Input 10 numbers:\n");
  scanf("%d",&min);
  do
  {
   scanf("%d",&num);
   if(num<min)
```

```
      min=num;
    i++;
   }
   while(i<=10);
   printf("The min=%d\n",min);
  }
  /*for 结构*/
  #include<stdio.h>
  main()
  { int i,num,min;
    printf("Input 10 numbers:\n");
    scanf("%d",&min);
    for(i=2;i<=10;i++)
    {
      scanf("%d",&num);
      if(num<min)
        min=num;
    }
     printf("The min=%d\n",min);
   }
   /*goto 结构*/
   #include<stdio.h>
   main()
   {int i,num,min;
    printf("Input 10 numbers:\n");
    scanf("%d",&min);
    i=2;
    loop:
    scanf("%d",&num);
    if(num<min)
      min=num;
    i++;
    if(i<=10)
     goto loop;
    printf("The min=%d\n",min);
  }
```

（2）for 语句和 while 语句是当型循环结构，先判断循环控制条件，后执行循环体；而 do…while 语句和 goto 语句是直到型循环结构，先执行循环体，后判断循环控制条件。

（3）for 语句多用于循环次数确定的情况，而 while 语句、do…while 语句和 goto 语句多用于循环次数不确定，只有循环条件的情况。

（4）while 语句、do…while 语句和 for 语句可以使用 break 语句终止整个循环体，用 continue 语句终止当前循环，而 goto 语句不能使用 break 语句和 continue 语句。

例 7.12　某幼儿园按如下方法给 a，b，c，d，e 5 个小朋友分苹果：将全部苹果的一半再加二分之一个苹果分给第 1 个小朋友；将剩下苹果的三分之一再加三分之一个苹果分给第 2 个小朋友；将剩下苹果的四分之一再加四分之一个苹果分给第 3 个小朋友；将剩下苹果的五分之一再加五分之一个苹果分给第 4 个小朋友；将最后剩下的 11 个苹果分给第 5 个小朋友。每个小朋友得到的苹果数均为整数。试确定苹果数及每个小朋友得到的苹果数。

算法

设总苹果数为 x，依题意第 k 个小孩得到的苹果数为（k+1）分之一再加（k+1）分之一个苹果，即 $\frac{x}{k+1}+\frac{1}{k+1}=\frac{x+1}{k+1}$ 个苹果，又由于每个小孩得到的苹果数为整数，即（x+1）能被（k+1）整除，

因此 a，b，c，d，e 5 个小朋友得到的苹果数依次为

$$a=\frac{x+1}{2}$$

$$b=\frac{x-a+1}{3}=\frac{x+1}{6}$$

$$c=\frac{x-a-b+1}{4}=\frac{x-2}{12}$$

$$d=\frac{x-a-b-c+1}{5}=\frac{x+2}{20}$$

$$e=11$$

程序

```
#include<stdio.h>
main()
{int n,flag,k,x,a,b,c,d,e;
 flag=1;
 n=11;
 while(flag)
 {
   x=n;
   flag=0;
   for(k=1;k<=4&&flag==0;k++)
    if((n+1)%(k+1)==0)
        n=n-(n+1)/(k+1);
    else
        flag=1;
   if(flag==0&&n!=11)
```

```
        flag=1;
      n=x+1;
        }
      a=(x+1)/2;
      b=(x-a+1)/3;
      c=(x-a-b+1)/4;
      d=(x-a-b-c+1)/5;
      e=11;
      printf("The total of apples is:%d\n",x);
      printf("a=%d\nb=%d\n",a,b);
      printf("c=%d\nd=%d\ne=%d\n",c,d,e);
}
```

输出

```
The total of apples is:59
a=30
b=10
c=5
d=3
e=11
```

第七节　程序举例

例 7.13　猜数游戏。

算法

先由计算机随机产生一个 1～100 之间的数请人猜，如果猜对了，输出“The right!”并退出；如果猜错了，输出提示信息，继续猜，直到猜对为止。其流程图如图 7.7.1 所示。

程序

```
#include<stdio.h>
#include<time.h>
#include<stdlib.h>
main()
{int result;
 int guess;
 int count;
 srand(time(NULL));                 /*调用库函数 srand 为库函数 rand 设置随机数*/
 result=rand()%100;                 /*调用库函数 rand，它的作用是产生一个随机数*/
 count=0;
 printf("The game begin.\n");
```

```
do
{
  printf("Guess the result:");
  scanf("%d",&guess);
  count++;
  if(guess>result)
     printf("Error!the number is too bigger,please again\n");
  else if(guess<result)
           printf("Error!the number is too smaller,please again\n");
   else
           break;
   }
   while(guess!=result);
   printf("You guess %d time,and guess right!\n",count);
}
```

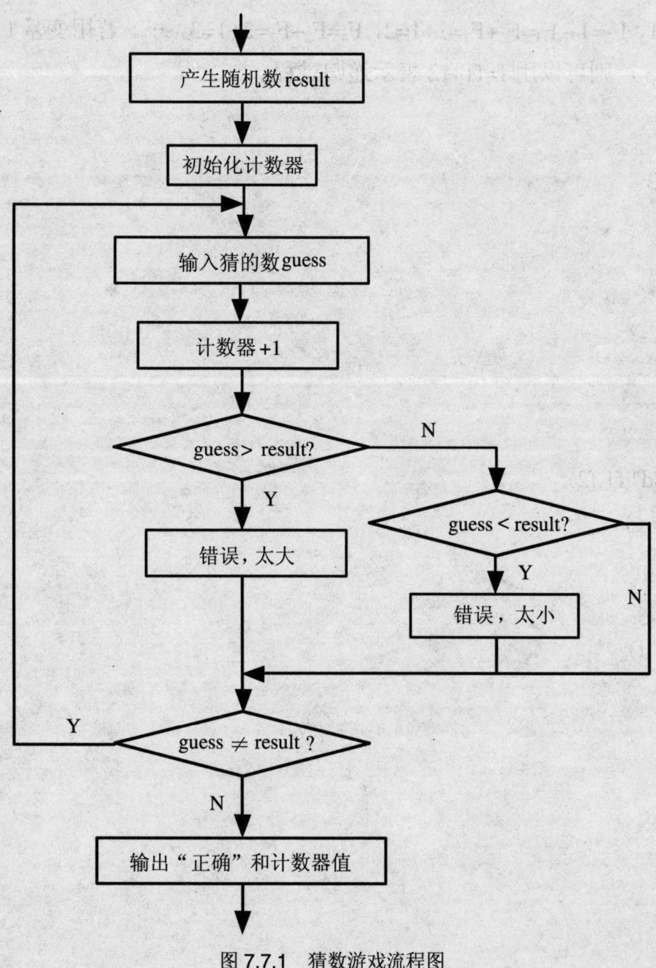

图 7.7.1　猜数游戏流程图

输出

```
The game begin.
Guess the result:55
Error!the number is too bigger,please again
Guess the result:30
Error!the number is too smaller,please again
Guess the result:40
Error!the number is too smaller,please again
Guess the result:45
Error!the number is too bigger,please again
Guess the result:44
Error!the number is too bigger,please again
Guess the result:43
You guess 6 time,and guess right!
```

例 7.14　求 Fibonacci 数列的前 30 行。

算法

Fibonacci 数列是 1，1，2，3，5，8，13，21，34，…可得到以下递归公式：

$$F_n=\begin{cases}1 & (n=1,\ n=2)\\ F_{n-1}+F_{n-2} & (n>2)\end{cases}$$

由上式可得 F_1=1，F_2=1，F_3=F_2+F_1=1+1=2，F_4=F_3+F_2=2+1=3，…。若用变量 f 表示 F_n，用变量 f1，f2 分别表示 F_{n-1} 和 F_{n-2}，则可以用 f=f1+f2 表示递归过程。

程序

```
#include<stdio.h>
main()
{long f;
 long f1;
 long f2;
 int i;
 f1=f2=1;
 printf("%8ld%8d",f1,f2);
 for(i=3;i<=30;i++)
 {
   f=f1+f2;
   printf("%8ld",f);
   if(i%6==0)
     printf("\n");
   f1=f2;
   f2=f;
    }
}
```

输出

```
    1      1      2      3      5      8
   13     21     34     55     89    144
  233    377    610    987   1597   2584
 4181   6765  10946  17711  28657  46368
75025 121393 196418 317811 514229 832040
```

分析

程序中在 printf 函数中使用输出格式符“%8ld”，而不是用“%8d”，这是由于在第 23 个数之后，其值已超过整数最大值 32 767，因此必须用“%ld”格式输出。if(i%6==0)语句的作用是使输出 6 个数后换行，其中 i 是循环变量。

本章小结

本章首先介绍了构成循环结构的 4 种循环语句，即 while 语句、do…while 语句、for 语句和 goto 语句。while 语句和 for 语句是当型循环结构，即先判断循环条件，后执行；do…while 语句和 goto 语句是直到型循环结构，即先执行，后判断循环条件。接着介绍了循环结构中的 break 语句和 continue 语句，它们的区别在于 break 语句用于终止整个循环结构，而 continue 语句用于结束当前循环。循环语句在 C 语言中的应用频率相当高，因而认真学习本章内容是掌握 C 语言的关键。

习 题 七

一、填空题

1．设 i，j，k 均为 int 型变量，则执行完下面的 for 循环后，k 的值为________。

```
for(i=0,j=10;i<=j;i++,j--)
     k=i+j;
```

2．若所用变量都已正确定义，则执行以下程序段后的输出结果是________。

```
x=y=0;
do
{y++;
 x*=x;
 }
 while((x>0)&&(y>5));
 printf("y=%d x=%d\n",y,x);
```

二、选择题

1．以下 for 循环说法正确的是（ ）。

```
for(x=0,y=0;(y!=123)&&(x<4);x++)
```

A．无限循环　　B．循环次数不定

C．执行 4 次　　D．执行 3 次

2．以下程序的输出结果是（ ）。

```
#include<stdio.h>
main()
{int num=0;
 while(num<=2)
 {
  num++;
  printf("%d\n",num);
 }
}
```

A．1　　B．1
2　　C．1
2
3　　D．1
2
3
4

三、上机操作题

1．求$\sum_{k=1}^{100}k+\sum_{k=1}^{50}k^2+\sum_{i=1}^{10}\frac{1}{k}$的值。

2．编写程序实现以下功能：从键盘输入5名学生的3门成绩，分别统计每名学生的总成绩和平均成绩。

第八章　数　组

教学目标

数组用于处理内存中连续存放的一组数据，是 C 语言中一种复杂而又重要的数据类型。本章将首先介绍数组的基本概念，然后分别介绍一维数组、二维数组和字符数组的定义、引用、初始化和应用。

教学难点与重点

（1）数组的概念及类型。

（2）一维数组的定义、引用及初始化。

（3）二维数组的定义、引用及初始化。

（4）字符数组与常见字符串处理函数。

第一节　概　述

数组是同类型有序数据的集合。通常用统一的名称标识数据，这个名称称为数组名。构成数组的每个数据项称为元素。数组是 C 语言中提供的 3 种构造类型中的一种，在程序设计过程中非常重要。一般使用数组解决对批量数据进行排序、求最大值与最小值、在一组数据中查找某个数值等问题。

与基本类型变量的使用方法相同，数组作为带有下标的变量，在使用前必须先定义。数组定义的一般格式如下：

类型 数组名[下标 1][下标 2]…[下标 n];

其中，类型表示该数组中每个元素的基本类型；数组名表示该数组的名称；下标表示该数组的维数，如下标个数为 1 时，表示一维数组，下标个数为 2 时，表示二维数组，依次类推，当下标个数为 n 时，表示 n 维数组。在程序设计过程中一维数组和二维数组的使用频率最高，本章将重点介绍。

第二节　一维数组

在 C 语言中，下标个数为 1 的数组称为一维数组。一维数组是最简单、最基本的数组类型，是多维数组的基础，如 array[5]，sum[10]，work[10]等都是一维数组。

一、一维数组的定义

定义一维数组的格式如下：

数据类型 数组名 1[常量表达式],数组名 2[常量表达式],…,数组名 n[常量表达式];

其中，数据类型表示该数组中存放数据的类型；数组名表示定义的数组变量名称；常量表达式表示该数组的长度，可以是常量、符号常量和运算符，但不能是变量。

例如：int array[10];

对于该例子，应注意以下几点：

（1）它定义了一个存放 10 个整型数据的数组 array。

（2）该数组中有 10 个元素，下标从 0 开始，到 9 结束，即 array[0]，array[1]，array[2]，…，array[9]，该数组中不存在数组元素 array[10]。

（3）定义了 int 型数组 array，编译程序将为 array 数组在内存中开辟 10 个连续的存储单元（int 型占两个字节），用来存放 array 数组中的 10 个数组元素，如 array[0]表示这个存储区的第一个存储单元。而数组名 array 表示该数组的首地址，即 array[0]存储单元的地址，如图 8.2.1 所示。

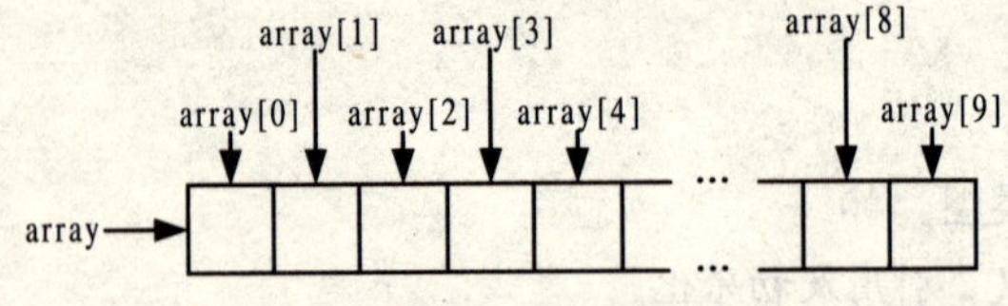

图 8.2.1　数组在内存中的存储单元

注意　定义数组元素个数的表达式是整型常量，不能出现变量或非整型表达式，如 int sum[j]是不合法的数组定义形式。

二、一维数组的引用

一维数组的引用实际上就是引用数组中的元素。

例如：

```
int a,b,c,sum[10];
a=1;
b=5;
c=7;
sum[a]=sum[b+1]-sum[c+2];
```

其中，sum[a]，sum[b+1]，sum[c+2]都是对数组 sum 中元素的合法引用；表达式 sum[a]=sum[b+1]-sum[c+2]表示将 sum[b+1]的值与 sum[c+2]的值之差赋予 sum[a]。

例 8.1　一维数组元素引用实例。

程序

```
#include<stdio.h>
main()
{int i,j,array[10];
 for(i=0,j=10;i<10;i++,j--)
  {
   array[i]=i-j;
   printf("%3d",array[i]);
  }
```

}

输出

```
-10 -8 -6 -4 -2  0  2  4  6  8
```

三、一维数组的初始化

对一维数组的初始化，可以通过以下几种方法实现：

（1）在定义时对一维数组进行初始化。其一般格式如下：

数据类型 数组名[常量表达式]={初值 1,初值 2,…,初值 n};

其中，数组中有多少个元素，可以在{}中给出多少个元素的初值，各初值之间用“,”隔开。

例如：int sum [3]={1,2,3};

上面的定义和初始化语句实际等价于以下语句：

```
int sum[3];
sum[0]=1;
sum[1]=2;
sum[2]=3;
```

（2）在初始化一维数组的过程中，可以只初始化部分元素，初始化元素的个数不能超过元素的总个数。

例如：int sum[10]={1,2,3};

表示定义数组 sum 有 10 个元素，但只提供了前 3 个元素的初值，其他元素的值均为 0。

如果要使某个数组的全部元素值都为 0，可以写成：

int sum[5]={0,0,0,0,0};

也可以写成：

int sum[5]={0};

（3）在初始化一维数组的过程中，可以不指定数组的长度。

例如：int sum[10]={1,2,3,4,5};

也可以写成：

int sum[]={1,2,3,4,5};

（4）在 C 语言中，还可以使用标准输入库函数如 scanf，getchar 和 gets，在循环语句循环体中对数组元素进行初始化。

例如：

```
int i,sum[10];
for(i=0;i<10;i++)
{printf("sum[%d]=",i);
 scanf("%d",&sum[i]);
}
```

例 8.2 分别使用冒泡法和选择法对 n 个整数排序（从大到小）。

（1）冒泡法。

算法

冒泡法排序是一个比较简单的排序方法。若需要排序的数有 n 个，则需要 n-1 轮比较，在第 i 轮比较中，从第 1 个数开始，相邻两个数进行比较，如果前者小于后者，则交换两个数的位置，直到第 n-i+1 个数为止。

程序

```
#include<stdio.h>
#include<time.h>
main()
{int i,j,n,num,array[20];
 clrscr();
 printf("Input the total of numbers:");
 scanf("%d",&n);
 printf("The %d numbers are\n",n);
 srand(time(NULL));
 for(i=0;i<n;i++)
 {
  array[i]=rand()%90+10;
  printf("%4d",array[i]);
  }
  printf("\n");
  for(i=1;i<n;i++)
     for(j=0;j<n-i;j++)
        if(array[j]<array[j+1])
        {
         num=array[j];
         array[j]=array[j+1];
         array[j+1]=num;
        }
  printf("The %d numbers from big to small is\n",n);
  for(i=0;i<n;i++)
      printf("%4d",array[i]);
}
```

输入

Input the total of numbers:10↙

输出

```
The 10 numbers are
  31  43  71  81  28  47  55  19  74  34
The 10 numbers from big to small is
  81  74  71  55  47  43  34  31  28  19
```

（2）选择法。

算法

在冒泡法中，每轮只能确定一个数的最终位置。选择法是对冒泡法的改进，它的基本思想是若有 n 个数需要从大到小排序，则需要 n−1 轮处理，在第 i 轮处理中，从第 i 个数开始到第 n 个数中找出最小的数，然后把它与第 i 个数交换位置，因此 n 个数进行选择法排序需要经过 n−1 轮处理，第 i 轮需要比较 n−i 次，最多交换一次。

程序

```
#include<stdio.h>
#include<time.h>
main()
{int i,j,k,n,num,array[20];
 clrscr();
 printf("Input the total of numbers:");
 scanf("%d",&n);
 srand(time(NULL));
 printf("The %d numbers are\n",n);
 for(i=0;i<n;i++)
 {
  array[i]=rand()%90+10;
  printf("%4d",array[i]);
 }
   printf("\n");
   for(i=0;i<n-1;i++)
   {
      k=i;
      for(j=i+1;j<n;j++)
          if(array[k]<array[j])
              k=j;
       if(i!=k)
      {
          num=array[k];
          array[k]=array[i];
          array[i]=num;
      }
   }
   printf("The %d numbers from big to small is\n",n);
   for(i=0;i<n;i++)
      printf("%4d",array[i]);
```

}

输入

Input the total of numbers:10↙

输出

The 10 numbers are

11　38　14　75　19　53　35　35　38　51

The 10 numbers from big to small is

75　53　51　38　38　35　35　19　14　11

例 8.3　编写程序实现以下功能：

（1）随机产生 n 个两位正整数放在数组 array 中。

（2）按从小到大的顺序排序。

（3）任意输入一个数 num，并插入到该数组中，使之仍保持有序。

（4）任意输入一个 0～n-1 的正整数 k，删除 array[k]。

算法

在 C 语言中产生 a～b 之间的随机正整数的方法是调用库函数 rand()，其一般格式如下：

rand()%b+a

因而产生两位正整数（即从 10～99）的方法为 rand%90+10。

在一个长度为 n 的有序（从小到大）一维数组 array 中，插入一个数据 num。需要 num 与数组 array 中从第 1 个元素开始依次比较，若 array[0]>num，则 num 插入到该数组的最前面；若 array[j]>num（j=0，1，2，…，n-1），则 num 应该插入到 array[j]的前面；若 array[n-1]<num，则 num 插入到该数组的最后面。确定好插入点 j 后，把 array[j-1]后所有数组元素后移一位，把 num 赋给 array[j]，如图 8.2.2 所示。

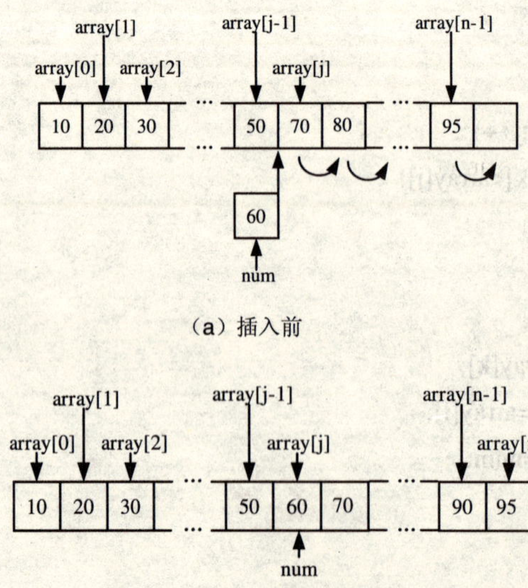

图 8.2.2　在有序数组中插入一个数组元素示意图

在一个长度为 n 的有序（从小到大）一维数组 array 中，删除一个下标为 k（k=0，1，2，…，n−1）的数组元素。需要把 array[k]之后的所有数组元素依次向前移动一个位置，如图 8.2.3 所示。

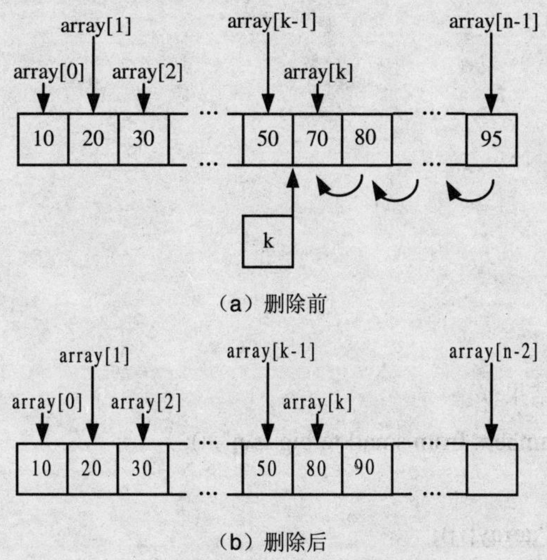

图 8.2.3　从有序数组中删除一个数组元素示意图

程序

```
#include<stdio.h>
#include<time.h>
main()
{int i,j,k,n,t,num,array[20];
 /*清屏操作*/
 clrscr();
 /*输入系统自动生成两位数的个数*/
 printf("Input the total of numbers:");
 scanf("%d",&n);
 /*输出系统自动生成的两位数*/
 printf("The %d numbers are\n",n);
 srand(time(NULL));
 for(i=0;i<n;i++)
 {
  array[i]=rand()%90+10;
  printf("%4d",array[i]);
  }
  printf("\n");
  /*使用选择法排列这些数*/
  for(i=0;i<n-1;i++)
  {
  k=i;
```

```
for(j=i+1;j<n;j++)
if(array[k]>array[j])
    k=j;
 if(i!=k)
 {
   t=array[i];
   array[i]=array[k];
   array[k]=t;
  }
   }
   /*输出排列后的结果*/
   printf("The %d numbers from small to big is\n",n);
   for(i=0;i<n;i++)
        printf("%4d",array[i]);
   printf("\n");
   /*输入需要插入的整数*/
   printf("Input a number to insert the array:");
   scanf("%d",&num);
   /*找出插入点*/
   for(i=0;i<n;i++)
        if(array[i]>num)
             break;
   /*把该数插入到数组中*/
   for(j=n;j>i;j--)
        array[j]=array[j-1];
   array[j]=num;
   n=n+1;
   /*输出插入结果*/
   printf("After instering,the array is\n");
   for(i=0;i<n;i++)
        printf("%4d",array[i]);
   printf("\n");
   /*输入需要删除数的下标*/
   printf("Input need to delete the number(from 0 to %d):",n-1);
   scanf("%d",&k);
   /*从数组中删除该数*/
   for(i=k;i<n-1;i++)
        array[i]=array[i+1];
   /*输出删除结果*/
```

```
        printf("After deleting,the array is\n");
        for(i=0;i<n-1;i++)
            printf("%4d",array[i]);
}
```

输入

Input the total of numbers:10↙

输出

The 10 numbers are

 85 49 58 22 32 93 15 33 94 39

The 10 numbers from small to big is

 15 22 32 33 39 49 58 85 93 94

输入

Input a number to insert the array:50↙

输出

After instering,the array is

 15 22 32 33 39 49 50 58 85 93 94

输入

Input need to delete the number(from 0 to 10):5↙

输出

After deleting,the array is

 15 22 32 33 39 50 58 85 93 94

第三节　二维数组

当数组元素具有两个下标时，该数组称为二维数组。一维数组与二维数组是可以相互转换的，可以说一维数组是二维数组的特例，二维数组是一维数组的升华。

一、二维数组的定义

二维数组的定义格式如下：

数据类型 数组名 1[常量表达式 1][常量表达式 2],数组名 2[常量表达式 1][常量表达式 2],…,数组名 n[常量表达式 1][常量表达式 2];

其中，数据类型表示二维数组中存放数据的类型；数组名表示二维数组的名称，也是二维数组的首地址；常量表达式 1 表示二维数组的行数；常量表达式 2 表示二维数组的列数。

例如：int array[3][4];

对于该例子，应注意以下几点：

（1）它定义了一个 int 型二维数组 array，该数组中所有元素都是 int 型。

（2）array 数组有 3 行 4 列，即 3×4=12 个数组元素，各元素分别是 array[0][0]，array[0][1]，array[0][2]，array[0][3]，array[1][0]，array[1][1]，array[1][2]，array[1][3]，array[2][0]，array[2][1]，array[2][2]和 array[2][3]。

（3）定义了 int 型数组 array，编译程序将为数组 array 在内存中开辟 3×4=12 个连续的存储单元，用来存放数组中的 12 个数组元素。如 array[0][0]表示这个存储区的第一个存储单元，而数组名 array 表示该数组的首地址，即 array[0][0]存储单元的地址，如图 8.3.1 所示。

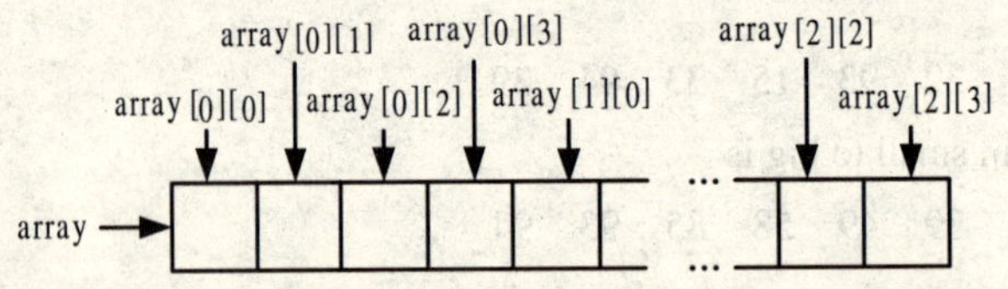

图 8.3.1　数组在内存中的存储单元

二、二维数组的引用

与一维数组相同，二维数组的引用，也就是引用二维数组的元素。

例如：

```
int sum[3][4];
a=1;
b=2;
sum[a][a]=sum[a][b]＋sum[b][a];
```

其中，sum[a][a]，sum[a][b]，sum[b][a]都是对数组 sum 中元素的合法引用；表达式 sum[a][a]=sum[a][b]＋sum[b][a]表示将 sum[a][b]的值与 sum[b][a]的值之和赋予 sum[a][a]。

例 8.4　二维数组的引用实例。

程序

```
#include<stdio.h>
main()
{ int i,j,array1[3][3],array2[3][3];
     or(i=0;i<3;i++for(j=0;j<3;j++)
               array1[i][j]=array2[j][i]=i*i+j*j+1;
     printf("The array1 is\n");
     for(i=0;i<3;i++)
     {
          for(j=0;j<3;j++)
               printf("%4d",array1[i][j]);
          printf("\n");
     }
```

```
    printf("The array2 is\n");
    for(i=0;i<3;i++)
    {
        for(j=0;j<3;j++)
        printf("%4d",array2[i][j]);
        printf("\n");
    }
}
```

输出

```
The array1 is
   1   2   5
   2   3   6
   5   6   9
The array2 is
   1   2   5
   2   3   6
   5   6   9
```

三、二维数组的初始化

对二维数组的初始化，可以通过以下几种方法实现：

（1）在定义时对二维数组进行初始化。可以采用分行赋初值，即分别为二维数组的每行进行赋值。这种方法是以“行”为单位把数据分成若干组，并用“{}”括起来。

例如：int sum[3][3]={{1,2,3},{4,5,6},{7,8,9}};

这种赋值方法比较直观，把第 1 个“{}”中的数据赋予数组的第 1 行，第 2 个“{}”中的数据赋予数组的第 2 行，…也可以把所有的数据存放在一个“{}”中，依数组的排序对各元素赋予初值。

例如：int sum[3][3]={1,2,3,4,5,6,7,8,9};

（2）在初始化二维数组的过程中，只对部分元素初始化，初始化元素的个数不能超过元素的总个数。

例如：int sum[3][3]={{1,2},{3},{4,5}};

其中，第 1 行只给前两个数（sum[0][0]和 sum[0][1]）赋初值；第二行只给第 1 个数（sum[1][0]）赋初值；第 3 行只给前两个数（sum[2][0]和 sum[2][1]）赋初值；其他数组元素的初值为 0。

（3）在对全部元素赋初值时，可以省略行的定义，但不能省略列的定义。系统自动根据初始化数据个数和列长度来确定行长度。

例如：int sum[3][3]={{1,2,3},{4,5,6},{7,8,9}};

上面的语句等价于：

int array[][3]={{1,2,3},{4,5,6},{7,8,9}};

例 8.5　打印杨辉三角。

算法

使用双重循环语句 for 来控制循环，使用二维数组存储数据。在编程中要注意如何利用前一项或多项来表示下一项，同时还应注意换行符（\n）的应用。

程序

```
#include<stdio.h>
main()
{int i,j,k,array[40][40];
  printf("Input the rows:");
  scanf("%d",&k);
  /*确定杨辉三角的边部*/
  for(i=0;i<k;i++)
  {
   array[i][0]=1;
   array[i][i]=1;
  }
  /*确定杨辉三角的内部*/
  for(i=2;i<k;i++)
   for(j=1;j<i;j++)
   array[i][j]=array[i-1][j-1]+array[i-1][j];
   /*打印出杨辉三角*/
        printf("The result is\n");
  for(i=0;i<k;i++)
  {
     for(j=0;j<i+1;j++)
        printf("%4d",array[i][j]);
        printf("\n");
  }
}
```

输入

```
Input the rows:8↙
```

输出

```
The result is
   1
   1   1
   1   2   1
   1   3   3   1
   1   4   6   4   1
   1   5  10  10   5   1
   1   6  15  20  15   6   1
   1   7  21  35  35  21   7   1
```

例 8.6　随机产生一个矩阵，在矩阵中查找指定的数据，输出查询结果。

算法

首先使用 rand 函数产生一个由两位数组成的矩阵 array[m][n]，其中，m，n 由用户自己提供，然后输入一个数，判断该数是否在该矩阵中，如果在该矩阵中，输出它的位置，否则输出该数不在矩阵的提示信息。

程序

```
#include<stdio.h>
#include<stdlib.h>
#include<time.h>
main()
{ int i,j,m,n,num,flag,array[20][20];
  flag=0;
  printf("Input the line and row of matrix:\n");
  printf("line=");
  scanf("%d",&m);
  printf("row=");
  scanf("%d",&n);
  srand(time(NULL));
  for(i=1;i<=m;i++)
  {
    for(j=1;j<=n;j++)
    {
     /*随机产生 1～100 之间的数*/
    array[i][j]=rand()%100+1;
    printf("%4d",array[i][j]);
    }
   printf("\n");
  }
  /*输入需要查询的数据*/
  printf("Input need to query number:");
  scanf("%d",&num);
  for(i=1;i<m;i++)
   for(j=1;j<n;j++)
     if(array[i][j]==num)
     {
      flag=1;
          printf("The number %d in %dth line %dth row.\n",num,i,j);
     }
  if(flag==0)
   printf("The number %d is't in the matrix!\n",num);
```

}

输入

Input the line and row of matrix:

line=4↙

row=6↙

输出

```
  69    3   51   55   53   72
  48   40   15   58   21   25
  17    5   78   21   12   73
  27   59   79   84   97   19
```

输入

Input need to query number:5↙

输出

```
The number 5 in 3th line 2th row.
```

第四节　字符数组

字符数组是用来存放字符数据的数组。常见的字符数据包括字符常量（如'a'，'B'，'!'等）、转义字符常量（如'\n'，'\t'，'\\' 等）、字符串常量（如"diabloII"，"WarcraftIII"等）、字符变量和符号变量等。

一、字符数组的定义

字符数组可以通过数组名与下标结合进行定义，其一般格式如下：

char 数组名[下标 1][下标 2]…[下标 n];

其中，数组名表示该数组的名称；下标表示该数组的维数，下标个数为 1 时，表示一维字符数组，下标个数为 2 时，表示二维字符数组，依次类推，当下标个数为 n 时，表示 n 维字符数组。常见的字符数组都是一维字符数组。

二、字符数组的引用

对字符数组，不仅可以引用它的数组元素，也可以引用整个字符数组。

例 8.7　字符数组实例。

程序

```
#include<stdio.h>
main()
{int i;
  char c[25]={'t','a','k','e',' ','m','e',' ','t','o',' ','y','o','u','r',' ','h','e','a','r','t'};
```

```
 for(i=0;i<25;i++)
     printf("%c",c[i]);
}
```

输出

```
take me to your heart
```

三、字符数组的初始化

对于字符数组的初始化，一般是逐个字符赋给数组中的各元素。

例如：char c[25]={'t','a','k','e',' ','m','e',' ','t','o',' ','y','o','u','r',' ','h','e','a','r','t'};
其中，字符数组 c 中含有 25 个字符，分别用 21 个字符常量初始化赋值，对应元素 c[0]，c[1]，…，c[20]，后面 4 个元素被初始化为空格，初始化表中的第 22 个字符'\0'是字符串结束标志。

在定义初始化表时，字符数组的长度可以省略，即不指定数组的长度，系统自动根据初始化表中字符个数作为字符数组的长度。

例如：char c[]={'t','a','k','e',' ','m','e',' ','t','o',' ','y','o','u','r',' ','h','e','a','r','t'};

四、字符串和字符串结束标志

字符串数组与其他数组的区别在于初始化和引用时，可以从整体对字符串进行处理。对字符串数组的初始化，一般使用字符串常量赋初值。字符串用双撇号括起来，系统自动在字符串常量的最后一个字符后加一个'\0'作为字符串结束标志。字符串中的字符会依次赋值给对应的元素。

例如：

char s[6]={"brood"};

等价于：char s[6]="brood";

等价于：char s[6]={'b','r','o','o','d','\0'};

注意 对于字符串数组，应注意以下几点：

（1）字符串数组中并不要求必须包含'\0'，但为了便于识别字符串数组的结束，最好包含'\0'。

（2）在对字符串数组赋初值时，初始化数据中的字符个数必须小于字符串数组的长度，否则会发生编译错误。

（3）在定义初始化表时，字符串数组的长度可以省略，即不指定数组的长度，系统自动根据初始化表中字符个数作为字符串数组的长度。

例如：char s[]="brood";

例 8.8 从键盘输入一行字符串，将其中大小写字母转换，然后输出。

程序

```
#include<stdio.h>
main()
{int i=0;
 char s[40];
```

```
 printf("Input a string:\n");
 scanf("%s",s);
 while(s[i]!='\0')
 {
  if(s[i]>='a'&&s[i]<='z')
   s[i]=s[i]-32;
  else if(s[i]>='A'&&s[i]<='Z')
   s[i]=s[i]+32;
  i++;
 }
 printf("After changing,the string is\n");
 printf("%s",s);
}
```

输入

```
Input a string:
Jackson↙
```

输出

```
After changing,the string is
jACKSON
```

五、字符数组的输入输出

在 C 语言中，对字符串的输入输出可以采用格式化输入输出函数 scanf()和 printf()，也可以使用 gets()和 puts()。

1．getchar()函数和 putchar()函数输入输出字符串

在 C 语言中，使用 getchar()函数和 putchar()函数输出字符串时，一定要在循环语句中实现。

例 8.9 字符串的输入输出实例 1。

程序

```
#include<stdio.h>
main()
{int i;
 char s[20];
 printf("Input string:");
 for(i=0;s[i]!='\0';i++)
    s[i]=getchar();
 i=0;
 printf("The string you input is ");
```

```
for(i=0;s[i]!='\0';i++)
  putchar(s[i]);
}
```

输入

Input string:diabloII↙

输出

The string you input is diabloII

2．scanf()函数和 printf()函数输入输出字符串

C 语言中，scanf()函数和 printf()函数输入输出字符串的格式如下：

scanf/printf ("%s",地址);

其中，输入输出字符串的控制符一定要用%s，地址一定是数组中的地址。

例 8.10　字符串的输入输出实例 2。

程序

```
#include<stdio.h>
main()
{int i;
 char s[10];
 printf("Input the string:");
 scanf("%s",s);
 printf("The string is ");
 printf("%s\n",s);
}
```

输入

Input the string:diabloII↙

输出

The string is diabloII

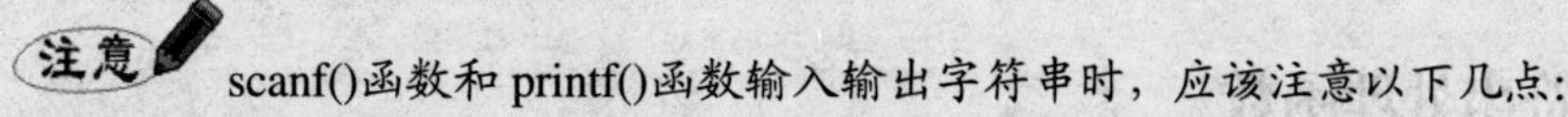

scanf()函数和 printf()函数输入输出字符串时，应该注意以下几点：

（1）用格式符 s 输入输出，其输入输出项必须以字符串的地址形式出现。如例 8.10 中的“s”不是字符变量，而是字符串数组 s[10]的首地址。

（2）用格式符 s 输入字符串时，不能输入带空格、回车或跳格的字符串，因为空格、回车或跳格都是输入数据结束的标志。

3．gets()函数和 puts()函数输入输出字符串

由于 gets()函数和 puts()函数均在文件 stdio.h 中定义，因此在使用它们前，必须加预处理命令 #include<stdio.h>。

gets()函数的一般格式如下：

gets(<字符数组>)

它的功能是从键盘读入一个字符串到字符数组中，并返回该数组的起始地址。

puts()函数的一般格式如下：

puts(<字符串或字符数组>)

它的功能是把字符串或字符数组中存放的字符串输出到终端。

例 8.11　字符串的输入输出实例 3。

程序

```
#include<stdio.h>
main()
{int i;
 char s[3][20];
 printf("Input three kinds of lessons you like.\n");
 for(i=0;i<3;i++)
     gets(s[i]);
 printf("I see they are\n");
 for(i=0;i<3;i++)
     puts(s[i]);
}
```

输入

```
Input three kinds of lessons you like.
Maths↙
Chinese↙
English↙
```

输出

```
I see they are
Maths
Chinese
English
```

六、常见字符串处理函数

C语言编译系统中，为了方便用户，提供了大量与字符串处理操作有关的库函数，常见的字符串处理函数及其功能如表 8.1 所示。

注意 字符串处理函数均在文件 string.h 中定义，因此在使用它们前，必须加预处理命令 #include<string.h>。

表 8.1　常见字符串处理函数及其功能

函数名	函数一般形式	功能描述	返回值
strcpy	strcpy(str1[],str2[])	把 str2 拷贝到 str1 中	返回 str1
strlen	strlen(str[])	统计 str 中的字符个数（不包含终止符'\0'）	返回字符个数
strcat	strcat(str1[],str2[])	把 str2 连接到 str1 后面	返回 str1
strcmp	strcmp(str1[],str2[])	比较 str1 和 str2 的大小	str1<str2，返回负值 str1=str2，返回 0 str1>str2，返回正值
strlwr	strlwr(str[])	把 str 中的大写字母转换成小写字母	返回 str
strupr	strupr(str[])	把 str 中的小写字母转换成大写字母	返回 str

1．字符串复制

strcpy 是 String Copy 的缩写，它是字符串复制函数，其功能是将一个字符串复制到另一个字符数组中，且字符数组必须定义得足够大，以便能够容纳被复制的字符串。

例 8.12　字符串复制实例。

程序

```
#include<stdio.h>
#include<string.h>
main()
{char s1[]="biology";
 char s2[]="computer";
 char s3[20];
 printf("s1[]=%s\ns2[]=%s\n",s1,s2);
 strcpy(s3,s1);
 strcpy(s1,s2);
 strcpy(s2,s3);
 printf("s1[]=%s\ns2[]=%s\n",s1,s2);
}
```

输出

```
s1[]=biology
s2[]=computer
s1[]=computer
s2[]=biology
```

2．字符串长度测试

strlen 是 String Lenght 的缩写，它是测试字符串长度的函数，其功能是返回某个字符串的长度值。

例 8.13　判断 s1 字符串中是否包含 s2 字符串。

算法

从 s1 字符串的第 1 个字符开始，依次与 s2 字符串进行比较，如果都相同，则 s1 包含 s2，否则重新比较，直到 s1 字符串结束为止。

程序

```
#include<stdio.h>
#include<string.h>
main()
{ int i,j,k,k1,k2,f;
  char s1[20],s2[20];
  printf("Input the string s1=");
  gets(s1);
  printf("Input the string s2=");
  gets(s2);
  k1=strlen(s1);
  k2=strlen(s2);
  for(i=0;i<=k1-k2;i++)
  {
     j=0;
     k=i;
    while(s2[j]&&s1[k]==s2[j])
    {
       j++;
       k++;
    }
       if(s2[j]=='\0')
    {
       f=1;
       break;
    }
  }
    if(f==1)
       printf("\'%s\' is in \'%s\'.\n",s2,s1);
  else
       printf("\'%s\' is not in \'%s\'.\n",s2,s1);
}
```

输入

Input the string s1=My love will go on.

Input the string s2=love↙

输出

```
'love' is in 'My love will go on.'.
```

3．字符串连接

strcat 是 String Catenate 的缩写，它是字符串连接函数，其功能是连接两个字符数组中的字符串，把第 2 个字符串连接到第 1 个字符串的后面，并返回第 1 个字符串。

例 8.14　字符串连接实例。

程序

```
#include<stdio.h>
#include<string.h>
main()
{char s1[20],s2[20],s3[20];
 printf("input three string.\n");
 printf("s1=");
 gets(s1);
 printf("s2=");
 gets(s2);
 printf("s3=");
 gets(s3);
 strcat(s1,s2);
 strcat(s1,s3);
 printf("s1+s2+s3=%s",s1);
}
```

输入

```
input three string.
s1=take me↙
s2= to
s3= your heart
```

输出

```
s1+s2+s3=take me to your heart
```

4．字符串比较

字符串比较是依次比较两个字符串中同一位置的一对字符，如果它们的 ASCII 码相同，则继续比较；如果它们的 ASCII 码不同，则 ASCII 码较大字符所在的字符串较大；如果所有字符都相同，则两个字符串相等。

例 8.15　输入 3 个字符串，输出其中的最大及最小字符串。

程序

```
#include<stdio.h>
#include<string.h>
main()
```

```
{int i;
 char s[3][80],max[80],min[80];
 printf("Input string.\n");
 for(i=0;i<3;i++)
  {
   printf("s[%d]=",i);
   gets(s[i]);
  }
 strcpy(max,s[0]);
 strcpy(min,s[0]);
 for(i=1;i<3;i++)
  {
   if(strcmp(max,s[i])<0)
       strcpy(max,s[i]);
   if(strcmp(min,s[i])>0)
       strcpy(min,s[i]);
  }
 printf("The max string is %s\n",max);
 printf("The min string is %s\n",min);
}
```

输入

```
Input string.
s[0]=Brood↙
s[1]=DiabloII
s[2]=WarcraftIII
```

输出

```
The max string is WarcraftIII
The min string is Brood
```

5．字符串中大小写字母的转换

对于同一个英文字母，由于大写字母比小写字母的 ASCII 码小 32，因而可据此进行大小写字母的转换。在 C 语言中可以通过以下两个库函数实现此功能：

（1）strlwr：String Lowercase 的缩写，其功能是将字符串中的大写字母转换成小写字母。

（2）strupr：String Uppercase 的缩写，其功能是将字符串中的小写字母转换成大写字母。

例 8.16　字符串中大小写字母的转换实例。

程序

```
#include<stdio.h>
#include<string.h>
```

```
main()
{char s1[20],s2[20],s3[20];
 printf("input a string.\n");
 printf("S=");
 gets(s1);
 strcpy(s2,strlwr(s1));
 strcpy(s3,strupr(s1));
 printf("s1=%s\n",s2);
 printf("s2=%s\n",s3);
}
```

输入

```
input a string.
S=WarcraftIII↙
```

输出

```
s1=warcraftiii
s2=WARCRAFTIII
```

第五节 程序举例

例 8.17 计算两个矩阵 X，Y 的乘积。

算法

两个矩阵的乘积仍为矩阵。若 X 矩阵有 m 行 p 列，Y 矩阵有 q 行 n 列，则它们的乘积 Z 有 m 行 n 列，即 $X\times Y=Z_{ij}=\sum_{k=0}^{p=1} x_{ik}\,y_{kj}$ （i=0，1，…，m－1；j=0，1，…，n－1）。

例如，

$$X=\begin{bmatrix}1 & 2 & 3\\ 4 & 5 & 6\end{bmatrix}\qquad Y=\begin{bmatrix}7 & 8\\ 9 & 10\\ 11 & 12\end{bmatrix}$$

则

$$Z=X\times Y=\begin{bmatrix}58 & 64\\ 139 & 154\end{bmatrix}$$

程序

```
#include<stdio.h>
main()
{int m,p,n,i,j,k,t,x[20][20],y[20][20],z[20][20];
```

```
/*输入矩阵 X 的信息*/
printf("Input matrix X's row and line:\nrow=");
scanf("%d",&m);
printf("line=");
scanf("%d",&p);
printf("Input matrix X's elements:\n");
for(i=0;i<m;i++)
for(j=0;j<p;j++)
{
 printf("x[%d][%d]=",i,j);
 scanf("%d",&x[i][j]);
}
/*输入矩阵 Y 的信息*/
printf("Input matrix Y's line:\nrow=");
printf("%d\n",p);
printf("line=");
scanf("%d",&n);
printf("Input matrix Y's elements:\n");
for(i=0;i<p;i++)
for(j=0;j<n;j++)
{
 printf("y[%d][%d]=",i,j);
 scanf("%d",&y[i][j]);
}
/*输出矩阵 X 的信息*/
printf("The matrix X is\n");
for(i=0;i<m;i++)
{
 for(j=0;j<p;j++)
   printf("%4d",x[i][j]);
 printf("\n");
     }
/*输出矩阵 Y 的信息*/
printf("The matrix Y is\n");
for(i=0;i<p;i++)
{
 for(j=0;j<n;j++)
   printf("%4d",y[i][j]);
 printf("\n");
```

```
  }
  for(i=0;i<m;i++)
   for(j=0;j<n;j++)
   {
    t=0;
    for(k=0;k<p;k++)
         t=t+x[i][k]*y[k][j];
       z[i][j]=t;
   }
  /*输出矩阵Z的信息*/
  printf("The matrix Z=X*Y=\n");
  for(i=0;i<m;i++)
  {
   for(j=0;j<n;j++)
     printf("%4d",z[i][j]);
   printf("\n");
  }
}
```

输入

```
Input matrix X's row and line:
row=2↙
line=3↙
Input matrix X's elements:
x[0][0]=2↙
x[0][1]=4↙
x[0][2]=3↙
x[1][0]=4↙
x[1][1]=2↙
x[1][2]=3↙
Input matrix Y's line:
row=3↙
line=2↙
Input matrix Y's elements:
y[0][0]=1↙
y[0][1]=3↙
y[1][0]=2↙
y[1][1]=4↙
y[2][0]=5↙
y[2][1]=3↙
```

输出

```
The matrix X is
   2   4   3
   4   2   3
The matrix Y is
   1   3
   2   4
   5   3
The matrix Z=X*Y=
  25  31
  23  29
```

例 8.18　输入一段文字，统计其中的单词数。

算法

单词的数目可以由文字中的空格数决定（其中，连续的若干空格计为一个空格，每行开始的空格不在统计之内）。如果测出某个字符为非空格，而它前面的字符是空格，则表示新单词的开始；如果某个字符为非空格，而它前面的字符也为非空格，则表示该单词还没有结束。

程序

```
#include<stdio.h>
main()
{int i,num,flag;
 char str[80];
 num=0;
 flag=0;
        printf("Input a string:\n");
 gets(str);
 for(i=0;str[i]!='\0';i++)
 {
    if(str[i]==' ')
       flag=0;
    else if(flag==0)
    {
       flag=1;
       num++;
    }
  }
  printf("There are %d words.\n",num);
}
```

输入

```
Input a string.
s=take me to your heart.↙
```

输出

```
There are 5 words.
```

本章小结

数组是同类型数据的集合。同一数组中的元素具有相同的数据类型，如整型、实型，以及后面将介绍的指针型、结构型等。本章首先介绍了数组的基本概念，然后分别介绍了一维数组、二维数组及字符数组的定义、引用、初始化和应用，最后介绍了C语言中常见的字符串处理函数。

习 题 八

一、填空题

1. 以下语句中的字符串中没有空格，其输出结果是___________。

printf("%s\n","A:\\pas\\EX01.c");

2. 运行下列程序段，其输出结果是___________。

```
char a[3][4]={"abc","efg","hij"};
for(i=1;i<2;i++)
printf("%c",a[i][1]);
```

二、选择题

1. 函数 strcmp("CHINA","JAPAN")的返回值是（ ）。

A．小于 0　　B．等于 0

C．大于 0　　D．不确定

2. 以下选项中，不是C语言合法字符串常量的是（ ）。

A．"\121"　　B．'y='

C．"\n\n"　　D．"ABCD\x6d"

三、上机操作题

1. 编写程序输出二维数组每列的列号和每列上的最大值。

2. 编写程序将一个数组中的所有偶数存放于另一个数组中，并以每行 10 个数的格式输出原数组和存放偶数的数组元素值。

第九章　函　数

教学目标

C语言程序是由若干个程序模块组成的，每个模块用来实现一种特定的功能，这样的模块就是函数。本章将介绍函数的概念、函数的调用形式、函数中变量的作用范围及函数嵌套和递归调用，然后介绍预编译预处理。

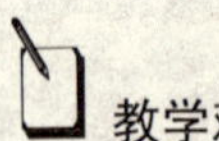

教学难点与重点

（1）函数的概念。

（2）函数的调用方式。

（3）函数中变量的作用范围。

（4）函数的嵌套调用。

（5）函数的递归调用。

（6）预编译处理。

第一节　函数的定义

软件能够完成许多功能，包含的程序段很多。从组成上看，各个功能模块彼此具有一定的联系，而功能上各自独立；从程序开发过程上看，不同的模块可能由不同的程序员开发。在C语言中，函数就是这些程序模块，函数是构成C程序的基本单位。

一、概述

函数是一个能够独立完成某种功能的程序块，其中封装了程序代码和数据，实现了更高级的抽象和数据隐藏。一个C程序由一个主函数和若干个子函数组成，通过函数之间的相互调用来实现函数之间的数据访问。

从用户的使用角度，函数分为两种，即标准函数（或库函数）和用户自定义函数。

（1）标准函数：是系统已经编译好的函数，一个函数实现一种特定的功能。在调用标准函数时要使用include命令。

例如在调用数学函数abs()，sqrt()等时，要使用命令#include<math.h>；在使用字符串函数strcpy()，strlen()等时，要使用命令#include<string.h>。

（2）用户自定义函数：是用户自己编写的，用以实现某种功能的函数。本章将介绍的都是用户自定义函数。

二、函数的种类

函数与变量一样，在使用前需要对其进行定义，用以说明函数的结构和特点。

1. 无参数函数

无参数函数定义的一般格式如下：

```
类型标识符  函数名()
{
    函数体语句;
}
```

其中，类型标识符表示函数值的类型，即函数的返回值类型。

例 9.1　打印钻石图形。

程序

```
#include<stdio.h>
main()
{void function1(),function2(),function3();
 function1();
 function2();
 function3();
}
void function1()
{
 puts(" *");
}
void function2()
{
 puts("***");
}
void function3()
{
 puts(" *");
}
```

输出

```
 *
***
 *
```

2. 有参数函数

有参数函数定义的一般格式如下：

类型标识符 函数名（形式参数表列）

{

　　函数体语句

}

其中，类型标识符表示函数值的类型，即函数的返回值类型。

例 9.2　输入两个整数，输出加、减、乘、除结果。

程序

```
#include<stdio.h>
main()
{int num1,num2,num3,a,b;
 int add(int x,int y),sub(int x,int y),mul(int x,int y);
 float num4;
 float div(int x,int y);
 printf("Input two numbers:\na=");
 scanf("%d",&a);
 printf("b=");
 scanf("%d",&b);
 num1=add(a,b);
 num2=sub(a,b);
 num3=mul(a,b);
 num4=div(a,b);
 printf("%d+%d=%d\n",a,b,num1);
 printf("%d-%d=%d\n",a,b,num2);
 printf("%d*%d=%d\n",a,b,num3);
 printf("%d/%d=%.2f\n",a,b,num4);
}
int add(int x,int y)
{ int z;
 z=x+y;
 return(z);
}
int sub(int x,int y)
{ int z;
 z=x-y;
 return(z);
}
int mul(int x,int y)
```

```
{int z;
 z=x*y;
 return(z);
}
float div(int x,int y)
{float z;
 if(y==0)
    z=0;
 else
    z=x/y;
 return(z);
}
```

输入

```
Input two numbers:
a=6↙
b=3↙
```

输出

```
6+3=9
6-3=3
6*3=18
6/3=2.00
```

3. 空函数

C 语言中允许定义空函数，其一般格式如下：

```
函数名()
{
}
```

在 C 语言中，空函数什么工作也不做，没有实际作用，它只是程序设计的一个技巧。在软件开发过程中，模块化设计将程序分解为不同的模块，由不同的开发人员设计，也可能某些模块暂时空缺，等待后续的开发工作完成。

例 9.3 求两个字符串的和。

程序

```
#include<stdio.h>
#include<stdlib.h>
void add1(int x,int y)
{int z;
 z=x+y;
 printf("%d+%d=%d\n",x,y,z);
```

```
}
void add2()
{
}
main()
{ char s1[10],s2[10];
  int i,j,flag;
  flag=0;
  printf("Input two numbers:\n");
  printf("s1=");
  gets(s1);
  printf("s2=");
  gets(s2);
  for(i=0,j=0;s1[i]!='\0'||s2[j]!='\0';i++,j++)
      if(s1[i]>='0'&&s1[i]<='9'&&s2[j]>='0'&&s2[j]<='9')
         flag=1;
      else
      {
         flag=0;
         break;
      }
     if(flag==1)
         add1(atoi(s1),atoi(s2));
     else
         add2();
}
```

输入

Input two numbers:

s1=123↙

s2=321↙

输出

123+321=444

输入

Input two numbers:

s1=123↙

s2=qwe↙

输出

□

分析

程序中首先输入两个字符串，然后判断它们是否为整型数据，如果为整型数据，则执行子函数 add1，计算并输出结果；否则执行子函数 add2，由于子函数 add2 是空函数，因而什么也不执行。

注意 程序中 atoi()的作用是将字符串转换成整型数据，如将字符串“12”转换成整型数据 12。由于库函数 atoi()包含在预处理文件“stdlib.h”中，因而在程序开始要使用命令#include<stdlib.h>。

第二节 函数的参数及返回值

在 C 语言中，采用参数、返回值和全局变量 3 种方式进行数据传递。主函数与子函数之间双向传递数据，当调用函数时，通过函数的参数，主函数为形式参数提供数据；调用结束时，子函数通过返回语句将函数的运行结果返回到主函数中。函数之间还可以通过使用全局变量，在某个函数中使用其他函数中的某些变量的结果。

一、函数的参数

在 C 语言中，函数有两种类型的参数，即形式参数和实际参数。形式参数（简称形参）是指在定义函数时函数名后面圆括号中的变量名称；实际参数（简称实参）是指在主函数中调用一个函数时，函数名圆括号中的参数。

例 9.4 输入一段英文文字，将其中的所有字母变成大写形式。

程序

```
#include<stdio.h>
void function(char c)
{if(c>='A'&&c<='Z')
    c+=32;
 else if(c>='a'&&c<='z')
    c-=32;
 printf("%c",c);
}
main()
{char c;
 printf("Input a string(with end of #):");
  loop:
  while((c=getchar())!='#')
  {
     function(c);
  }
```

```
}
```

输入

Input a string(with end of #):heal the world.#↙

输出

HEAL THE WORLD.

 关于形参和实参应注意以下几点：

（1）形参在子函数中定义，而实参在主函数中定义。

（2）形参和实参是单向的值传递，即实参的值传给形参，因而形参与实参的数据类型、参数个数必须相同，且一一对应。

（3）形参是形式上的参数，定义后编译系统并不为其分配存储空间；在函数调用时，只临时分配存储空间，函数调用结束后，内存空间自动释放。

（4）实参可以是变量名、表达式，也可以是数组，但在函数调用时，必须有确定的值。

二、返回值

函数调用后的结果称为函数的返回值，通过返回语句返回到主函数中。函数返回语句的一般格式如下：

return(表达式)或 return 表达式

其功能是把表达式的值返回到主函数中。

例 9.5 输入 10 个整型数据，求其中的最大数。

程序

```
#include<stdio.h>
int function(int x,int y)
{ if(x<y)
  x=y;
  return(x);
}
main()
{int i,num,max;
  i=2;
  printf("Input 10 numbers:\n");
  printf("number1=");
  scanf("%d",&max);
  loop:
  while(i<=10)
  {
    printf("number%d=",i++);
```

```
    scanf("%d",&num);
    max=function(max,num);
  }
  printf("The max number is %d\n",max);
}
```

输入

```
Input 10 numbers:
number1=12↙
number2=32↙
number3=12↙
number4=32↙
number5=12↙
number6=43↙
number7=21↙
number8=32↙
number9=21↙
number10=21↙
```

输出

```
The max number is 43
```

return 语句的使用应注意以下几点：

（1）return 语句中表达式的值就是返回到主函数中的值。

（2）函数返回值必须与函数定义的类型一致。

（3）一个子函数中可以包括多个 return 语句，但是一次子函数的调用，只有一个 return 语句被执行。当程序执行 return 语句后，就立即退出子函数并返回到主函数中。

（4）return 语句可以不使用任何表达式，此时它的作用是使流程返回到主函数中，但不返回具体的值。如果函数不需要返回值，则在定义时，使用 void 类型定义子函数。

第三节　函数的调用

C 语言中函数调用的一般格式如下：

函数名(实参列表);

其中，实参列表必须与定义函数时的形参列表个数相同、类型一致，如果实参列表包含多个实参，则各参数之间用逗号隔开；如果是调用无参数函数，则实参列表可以没有，但是圆括号不能省略。

一、函数的调用方式

按照函数在程序中的位置，函数调用可以分为 3 种形式。

1．函数语句

函数语句是把函数的调用作为一条语句，并不返回值，只是要求函数完成一定的操作。

例 9.6　函数语句实例。

程序

```
#include<stdio.h>
void function()
{ printf("Hello,World!\n");
}
main()
{ function();
}
```

输出

```
Hello,World!
```

2．函数表达式

函数出现在一个表达式中，则这个表达式称为函数表达式，此时函数必须返回一个确定的值参与表达式的计算。

例 9.7　求 1!+2!+3!+…+n!。

程序

```
#include<stdio.h>
int function(int x)
{int i,y;
  y=1;
  for(i=1;i<=x;i++)
      y*=i;
  return(y);
}
main()
{int i,n,sum;
  sum=0;
  printf("Input the number n=");
  scanf("%d",&n);
  for(i=1;i<=n;i++)
      sum+=function(i);
      printf("1!+…+%d!=%d\n",n,sum);
}
```

输入

Input the number n=6↙

输出

1!+…+6!=873

分析

本程序中函数 function(i)是表达式的一部分，它的值与 sum 的值之和再次赋给 sum。

3．函数参数

函数的返回值作为函数再次调用的参数，实际上是函数表达式形式调用的一种。

例 9.8　输入 3 个整型数据，求出其中的最大数和最小数。

程序

```
#include<stdio.h>
int max(int x,int y)
{ return(x>=y?x:y);
}
int min(int x,int y)
{ return(x>=y?y:x);
}
main()
{int a,b,c;
 int num1,num2;
 printf("Input 3 numbers.\n");
 printf("a=");
 scanf("%d",&a);
 printf("b=");
 scanf("%d",&b);
 printf("c=");
 scanf("%d",&c);
 num1=max(a,max(b,c));
 num2=min(a,min(b,c));
 printf("The biggest number is %d.\n",num1);
 printf("The smallest number is %d.\n",num2);
 }
```

输入

```
Input 3 numbers.
a=12↙
b=32↙
c=21↙
```

输出

```
The biggest number is 32.
The smallest number is 12.
```

分析

本程序中 max(a,max(b,c))是函数嵌套，其中 max(b,c)是函数调用，返回值作为函数再次调用的参数，并返回 3 个数中的最大数。

二、函数的声明

在 C 语言中，编译调用程序中的函数时，如果不知道该函数的参数个数及类型，则编译系统无法检测形参和实参是否匹配。为了保证函数调用时，编译系统能够检测出形参与实参是否满足类型及个数匹配，必须为编译系统提供该函数的返回值类型、参数类型和参数个数。

在主函数调用子函数之前，必须对子函数进行声明，其声明格式如下：

函数类型　函数名(形参类型 1　形参名 1,形参类型 2　形参名 2,…,形参类型 n　形参名 n)

例 9.9　求小于等于 n 的全部质数之和。

程序

```
#include<stdio.h>
#include<math.h>
main()
{int function(int x);                                    /*函数的定义*/
 int i,j,n,sum;
 sum=0;
 j=0;
 printf("Input n=");
 scanf("%d",&n);
 printf("Primes from 2 to %d are\n",n);
 for(i=2;i<=n;i++)
 {
  sum+=function(i);
  if(function(i)!=0)
  {
   printf("%4d",function(i));
   if(++j%5==0)
       printf("\n");
  }
 }
 printf("The result is %d\n",sum);
}
```

```
int function(int x)                                    /*函数的声明*/
{
  int i,k,flag;
  flag=1;
  k=sqrt(x);
  for(i=2;i<=k;i++)
     if(x%i==0)
     flag=0;
  if(flag==1)
    return(x);
else
    return(0);
}
```

输入

```
Input n=100↙
```

输出

```
Primes from 2 to 100 are
   2    3    5    7   11
  13   17   19   23   29
  31   37   41   43   47
  53   59   61   67   71
  73   79   83   89   97
The result is 1060
```

注意　函数的声明与函数的定义虽然在形式上很相似，但二者在本质上是有区别的，具体表现在以下两点：

（1）函数的声明是对编译系统的一个说明，不含具体的操作；而函数的定义是编写一段程序，包含功能语句。

（2）在程序中函数的定义只能有一次；而函数的声明可以有多次，即调用几次子函数，就有几次函数声明。

第四节　数组作函数的参数

数组是相同类型有序数据的集合。数组作函数的参数有两种情况，即数组元素作函数的参数和数组名作函数的参数。

一、数组元素作函数的参数

由于函数的形参是在函数定义时定义的，并无具体的值，因此数组元素只能在函数调用时作为函数的实参。

例 9.10　求一个二维数组中的最大值。

算法

利用随机函数 rand，产生一个二维数组 array[5][5]，然后将第一个元素作为 num，调用子函数进行逐个判断，最后输出最大值。

程序

```
#include<stdio.h>
#include<time.h>
main()
{int max(int x,int y);
 int i,j,num,array[5][5];
 srand(time(NULL));
 for(i=0;i<5;i++)
 for(j=0;j<5;j++)
      array[i][j]=rand()%90+10;
      printf("\nThe matrix is\n");
 for(i=0;i<5;i++)
 {
 for(j=0;j<5;j++)
      printf("%4d",array[i][j]);
      printf("\n");
 }
 num=array[0][0];
 for(i=0;i<5;i++)
 for(j=0;j<5;j++)
 num=max(num,array[i][j]);
 printf("The max number is %d\n",num);
}
 int max(int x,int y)
 {
  return(x>=y?x:y);
}
```

输出

```
The matrix is
  28  18  64  57  10
  59  35  32  66  17
  58  10  80  34  83
  74  44  60  91  27
  52  71  76  35  41
The max number is 91
```

注意　当数组中的元素作为函数的实参时，必须在主函数中定义数组，并使之存在具体的元素，即函数调用之前，数组已有了初值，当调用函数时，将该数组元素传递给对应的函数形参。

二、数组名作函数的参数

在 C 语言中，不仅数组元素可以作为函数的参数，数组名也可以作为函数的参数。

例 9.11　某班期中考试科目为数学、英语和物理，该班学生人数不超过 50 人。为了统计这次考试，要求输出学号、各科成绩、总分和平均分，并标出优秀学生（每门功课都在 90 分以上）。

算法

首先把学生学号和学生的 3 门成绩分别用一个一维整型数组和一个二维实型数组表示，然后计算每个学生的总分和平均分；其次判断每个学生成绩是否都在 90 分以上，如果都在则输出 Y，否则输出 N，最后输出整个结果。

程序

```
#include<stdio.h>
/*输入学号及成绩，返回值为学生人数*/
int function1(int num[], float grade[][3])
{int i,n;
 printf("Input the total of students:");
 scanf("%d",&n);
 printf("Input informations of students.\n");
 for(i=0;i<n;i++)
 {
  printf("No.=");
  scanf("%d",&num[i]);
  printf("Maths=");
  scanf("%f",&grade[i][0]);
  printf("English=");
  scanf("%f",&grade[i][1]);
  printf("Physics=");
  scanf("%f",&grade[i][2]);
 }
 return(n);
}
/*计算成绩的总分、平均分，判断是否为优秀，没有返回值*/
void function2(float grade[][3],int sum[],float average[],char c[],int n)
{ int i,j;
 for(i=0;i<n;i++)
 {
  sum[i]=0;
```

```
    for(j=0;j<3;j++)
      sum[i]=sum[i]+grade[i][j];
    average[i]=(float)(sum[i]/3);                    /*强制类型转换*/
    if(grade[i][0]>=90&&grade[i][1]>=90&&grade[i][2]>=90)
      c[i]='Y';
    else
      c[i]='N';
        }
}
/*输出相关信息，没有返回值*/
void function3(int num[],float grade[][3],int sum[],float average[],char c[],int n)
{int i,j;
  printf("The result is\n");
  printf("No.\tMaths\tEngLish\tPhysics\tSum\tAverage\t>90\n");
  for(i=0;i<n;i++)
  {
     printf("%4d\t",num[i]);
     for(j=0;j<3;j++)
     printf("%4.2f\t",grade[i][j]);
  printf("%4d\t%4.2f\t%4c\n",sum[i],average[i],c[i]);
  }
}
main()
{int n,num[50],sum[50];
  float average[50],grade[50][3];
  char c[50];
  n=function1(num,grade);
  function2(grade,sum,average,c,n);
  function3(num,grade,sum,average,c,n);
}
```

输入

Input the total of students:4↙

Input informations of students.

No.=1001↙

Maths=95↙

English=90↙

Physics=85↙

No.=1002↙

Maths=90↙

English=94↙

Physics=93↙

No.=1003↙

Maths=97↙

English=88↙

Physics=87↙

No.=1004↙

Maths=95↙

English=93↙

Physics=91↙

输出

```
The result is
No.     Maths    EngLish Physics Sum      Average >90
1001    95.00    90.00   85.00    270     90.00      N
1002    90.00    94.00   93.00    277     92.00      Y
1003    97.00    88.00   87.00    272     90.00      N
1004    95.00    93.00   91.00    279     93.00      Y
```

数组名作为函数参数时，必须遵循以下原则：

（1）必须在主调函数和被调函数中分别定义数组。

（2）实参数组和形参数组类型必须相同，形参数组可以不指定长度。

（3）如果形参是数组形式，则实参必须是该类型的数组名；如果实参是数组名，则形参可以是同类型的数组名，也可以是指向该类型数组的指针。

（4）数组名除了可以作函数的参数外，也可以作该数组在内存中的起始地址。

第五节　变量的作用范围

在 C 语言中，变量有局部变量和全局变量之分，其区别在于作用范围不同，局部变量的作用范围只在被定义的函数内部有效；全局变量的作用范围是从该变量定义开始到程序结束。

一、局部变量

局部变量是指定义在函数内部且只在该函数内部有效的变量。

例 9.12　从键盘输入一个字符，如果是整型数据则进行奇偶数判断，如果是字符则进行大小写转换；反之输出其 ASCII 码。

算法

功能是在主函数中输入字符，编写 3 个子函数，分别用于实现奇偶数判断、大小写转换、ASCII 码求解。

程序

```
#include<stdio.h>
void function1(char c)
{ int x;
 x=c-'0';                                    /*把数字字符转换成数字*/
     printf("The number %d is ",x);
     if(x%2==0)
          printf("even number.\n");          /*偶数*/
     else
          printf("prime number.\n");         /*奇数*/
}
void function2(char c)
{
     printf("%c----->",c);
     if(c>='a'&&c<='z')
          printf("%c\n",c-32);
     else
          printf("%c\n",c+32);
}
void function3(char c)
{
     printf("%c----->%d",c,c);
}
main()
{char c;
 printf("Input a char:");
     c=getchar();
 if(c>='0'&&c<='9')
     function1(c);
 else if(c>='a'&&c<='z'||c>='A'&&c<='Z')
     function2(c);
 else
     function3(c);
}
```

输入

Input a char:a↙

输出

```
a----->A
```

输入

Input a char:7↙

输出

```
The number 7 is prime number.
```

输入

Input a char:#↙

输出

```
#----->35
```

对于局部变量，应注意以下几点：

（1）形式参数是一种特殊的局部变量。

（2）C 语言允许在不同函数中使用同名变量，它们分别代表不同的含义，互不影响。

（3）在函数内部的复合语句中可以定义变量，此时变量的作用范围仅在复合语句中有效。

二、全局变量

全局变量又称为全程变量，它定义在所有函数外部，其作用范围是从变量的定义开始到程序结束。

例 9.13　输入年、月、日，计算并输出该日是该年的第几天。

程序

```
#include<stdio.h>
int day_volume[12]={31,28,31,30,31,30,31,31,30,31,30,31};
int function1(int x,int y)
{ int i;
  for(i=0;i<x-1;i++)
      y=y+day_volume[i];
  return(y);
}
int function2(int x)
{ int y;
  y=x%4==0&&x%100!=0||x%400==0;
  return(y);
}
main()
{ int year,month,day,days;
  printf("Input date(like this:1982.06.17):\n");
  scanf("%d.%d.%d",&year,&month,&day);
  printf("%d/%d/%d ",year,month,day);
```

```
 days=function1(month,day);
 if(function2(year)&&month>=3)
     days++;
 printf("is the %dth day in the %d.\n",days,year);
}
```

输入

Input date(like this:1982.06.17):
2005.10.1↙

输出

2005/10/1 is the 274th day in the 2005.

分析

本程序定义了一个全局整型一维数组变量 day_volume[]，用以存放平年中每个月的天数。主函数 main()接收从键盘输入的日期，然后调用 function1()函数，计算该天是第几天（默认为平年），最后调用 function2()函数，判断该年是否为闰年，如果是闰年则 2 月份的天数加 1，反之不做任何变化。

例 9.14 编写程序实现以下功能：（1）输入 n 个职工的姓名和职工号（n 由键盘输入）；（2）按职工号从小到大的顺序排列；（3）输入一个职工号，查出该职工的姓名。

程序

```
#include<stdio.h>
#include<string.h>
int num[80];
char name[80][8];
/*插入职工信息*/
void function1(int n)
{ int i;
  for(i=0;i<n;i++)
  {
   printf("No.:");
   scanf("%d",&num[i]);
   printf("Name:");
   getchar();
   gets(name[i]);
  }
}
/*根据职工号排序并输出排序结果*/
void function2(int n,int num[],char name[][8])
{ int i,j,k,m;
  char c[8];
```

```
    for(i=0;i<n-1;i++)
    {
      k=i;
      for(j=i+1;j<n;j++)
          if(num[k]>num[j])
              k=j;
      if(i!=k)
      {
        m=num[i];
        strcpy(c,name[i]);
        num[i]=num[k];
        strcpy(name[i],name[k]);
        num[k]=m;
        strcpy(name[k],c);
      }
    }
  printf("Result is\n");
  for(i=0;i<n;i++)
    printf("%5d%10s\n",num[i],name[i]);
}
/*根据职工号查询职工姓名*/
void function3(int n,int number,int num[],char name[][8])
{ int i,flag;
  flag=0;
  printf("The No.%d is ",number);
  for(i=0;i<n;i++)
    if(number==num[i])
    {
      printf("%s\n",name[i]);
      flag=1;
    }
  if(flag==0)
    printf("not find.\n");
}
main()
{ int number,n,flag;
  char ch;
  flag=1;
  printf("Input the number of workers:");
```

```
 scanf("%d",&n);
 function1(n);
 function2(n,num,name);
 while(flag)
 {
   printf("Input a number to get the name:");
   scanf("%d",&number);
   function3(n,number,num,name);
   printf("Continue to search(Y/N)?");
   getchar();
   ch=getchar();
   if(ch=='n'||ch=='N')
      flag=0;
 }
}
```

输入

Input the number of workers:4↙

No.:1001↙

Name:Jim↙

No.:1002↙

Name:Jack↙

No.:1003↙

Name:Lucy↙

No.:1004↙

Name:Mary↙

输出

```
Result is
 1001        Jim
 1002       Jack
 1003       Lucy
 1004       Mary
```

输入

Input a number to get the name:1003↙

输出

```
The No.1003 is Lucy
Continue to search(Y/N)?
```

分析

本程序中定义了两个全局变量 num[]和 name[][]，分别用于存储职工号和职工姓名。主函数 main()

接收键盘输入的职工号，然后分别调用 function1()函数（接收键盘输入的职工号和职工姓名）和function2()函数（利用选择排序法对接收的职工信息进行排序，并输出排序结果），最后从键盘接收职工号，接着调用 function3()函数来查询并输出职工姓名。

注意　对于全局变量，应注意以下几点：

（1）由于全局变量在整个作用范围内均占用内存，因此增加了内存负担。

（2）当全局变量与局部变量发生冲突时，局部变量优先。

（3）全局变量破坏了程序的结构，且不利于数据保护。

第六节　函数的作用范围

在 C 语言中，根据函数能否被其他函数调用，将函数分为内部函数和外部函数，其区别在于作用范围不同。

一、内部函数

内部函数又称为静态函数，是指只能被本文件函数调用，而不能被其他文件函数调用的函数。其定义格式如下：

static 类型标识符 函数名(形参列表)

二、外部函数

在定义函数时，如果在函数的最左端加关键字 extern，则表示此函数是外部函数，可供其他函数调用。其一般格式如下：

extern 函数名 (形式列表)

例 9.15　输入两个整数，在外部函数中计算并输出两数的和与差。

程序

```
/*文件 file1.c 中的程序:*/
#include<stdio.h>
main()
{ extern function1(int x,int y);
  extern function2(int x,int y);
  int num1,num2;
  printf("Input two numbers:\n");
  printf("num1=");
  scanf("%d",&num1);
  printf("num2=");
  scanf("%d",&num2);
  function1(num1,num2);
```

```
  function2(num1,num2);
}
/*文件 file2.c 中的程序:*/
function1(int x,int y)
{ int z;
  z=x+y;
  printf("%d+%d=%d\n",x,y,z);
}
/*文件 file3.c 中的程序:*/
function2(int x,int y)
{ int z;
  z=x-y;
 printf("%d-%d=%d\n",x,y,z);
}
```

输入

```
Input two numbers:
num1=8↙
num2=5↙
```

输出

```
8+5=13
8-5=3
```

分析

本程序分别存放在 file1.c，file2.c，.file3.c 3 个文件中。由于 file1.c 中的主函数 main()先调用 file2.c 中的函数 function1，然后调用 file3.c 中的函数 function2，因而需要在 file1.c 中对外部函数先声明后调用。如果在定义 function1 和 function2 时，在其前面加关键字 static，则不能被 file1.c 中的主函数 main()调用。

注意　外部函数是函数的默认类型，一般没有关键字 static 声明的函数都是外部函数。

三、多文件程序的运行

在 C 语言中，程序可以由一个或者多个函数组成，也可以由多个源文件组成。下面介绍在 Turbo C 环境下运行例 9.15 的程序。

（1）首先选择“File”→“New”命令，输入代码如下：

```
#include<stdio.h>
main()
{ extern function1(int x,int y);
  extern function2(int x,int y);
```

```
    int num1,num2;
    printf("Input two numbers:\n");
    printf("num1=");
    scanf("%d",&num1);
    printf("num2=");
    scanf("%d",&num2);
    function1(num1,num2);
    function2(num1,num2);
  }
```

然后选择“File”→“Write to”命令，输入文件名“F:\file1.c”；同理创建“F:\file2.c”和“F:\file3.c”。

（2）编译程序，生成目标文件。编译文件如图 9.6.1 所示。

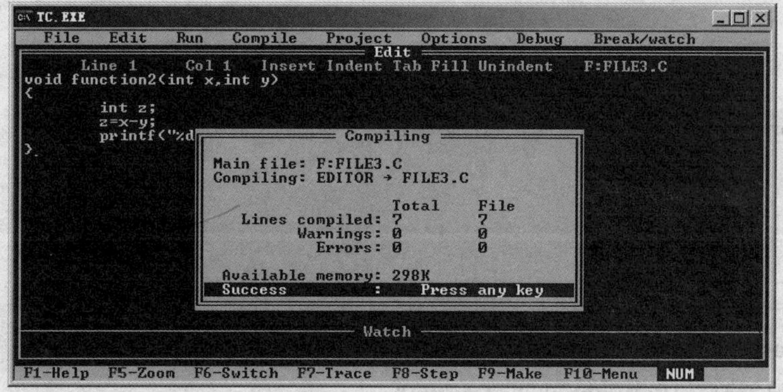

图 9.6.1　文件的编译

（3）选择“File”→“New”命令，创建工程（注意要指定路径）并输入如图 9.6.2 所示的语句。然后选择“File”→“Write to”命令，输入文件名“F:\NUMBER.PRJ”。

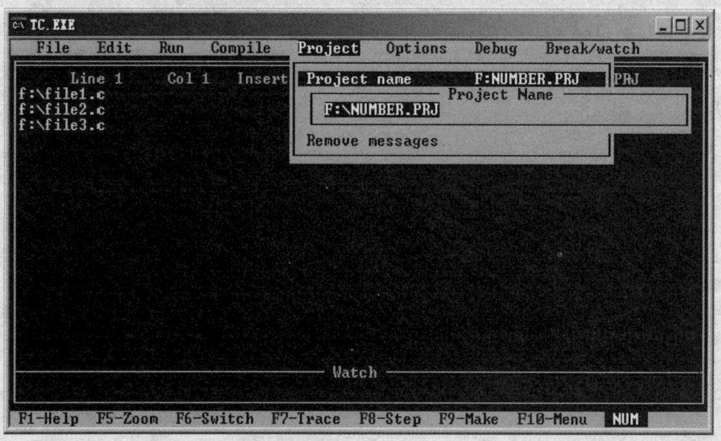

图 9.6.2　工程的创建

（4）运行生成目标文件，生成可执行程序“NUMBER.EXE”。

（5）运行可执行程序“NUMBER.EXE”。

第七节　函数的嵌套调用

函数的嵌套调用是指在调用一个函数的过程中，同时又调用了其他函数。在整个调用与被调用的过程中，每个函数从定义位置上讲是平行和独立的，不允许出现一个函数内部定义另一个函数的情况。

例 9.16　输入一个整数 n，求 $1^2+2^2+3^2+\cdots+n^2$ 的值。

程序

```
#include<stdio.h>
int function2(int x)
{ int y;
  y=x*x;
  return(y);
}
void function1(int x)
{ int i;
  long sum;
  sum=0;
  for(i=1;i<=x;i++)
       sum=sum+function2(i);
  printf("1*1+2*2+…+%d*%d=%ld\n",x,x,sum);
}
main()
{ int n;
  printf("n=");
  scanf("%d",&n);
  function1(n);
}
```

输入

n=10↙

输出

```
1*1+2*2+…+10*10=385
```

分析

本程序中采用了 3 个函数嵌套的调用方式，在主函数 main()中，提示用户输入 n 的值，通过调用函数 function1()进行公式计算和结果输出，在函数 function1()中，只进行数值的累加，数值的平方在函数 function2()中进行计算。在整个过程中，函数 function1()被主函数 main()调用一次，函数 function2()被函数 function1()调用 n 次。

注意　不管函数之间的调用处于哪个层次，其调用规则、被调用规则以及调用完毕后返回主函数的规则，都与该函数的调用和返回规则基本一致。

第八节　函数的递归调用

函数的递归调用是指在调用一个函数的过程中又直接或间接调用该函数自身的情况。不管递归调用发生多少次，最终应该有一个终点，即当调用到某一层时，由于满足某一条件而停止继续递归下去，从而产生一个转折点，开始逐级返回过程。因此递归过程中一定要包含相关的判断语句，作为递归调用的结束标志。

例 9.17　汉诺塔问题。在一个铜板上有 3 根杆，最左边的杆上自上而下、由小到大顺序串着由 64 个圆盘构成的塔。游戏的目的是将最左边 A 杆上的圆盘，借助最右边的 C 杆，全部移到中间的 B 杆上，条件是一次仅能移动一个盘，且大盘不能放在小盘上面，如图 9.8.1 所示。

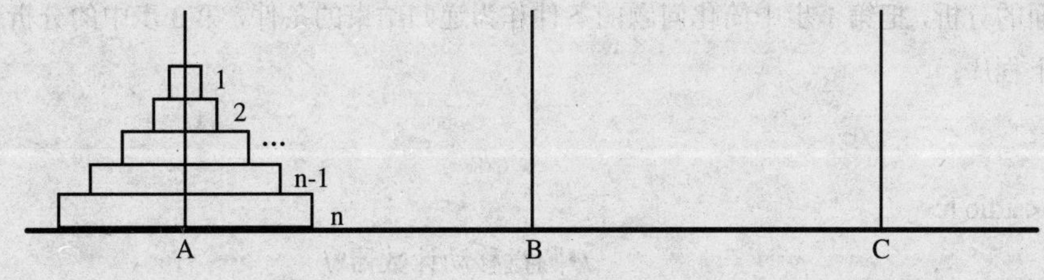

图 9.8.1　汉诺塔问题（一）

算法

设汉诺塔有 N 个圆盘，对 A 杆上的全部 N 个圆盘从小到大顺序编号，依次分别为 1，2，…，n。解决汉诺塔问题应从以下 3 步着手。

第 1 步，先将问题简化，假设 A 杆上只有一个圆盘，即 n=1，则只须将 1 号圆盘从 A 杆移到 B 杆即可。

第 2 步，对于有 n（n>1）个圆盘的汉诺塔，将 n 个圆盘分为两部分，即上面的 n−1 个圆盘和最下面的第 n 个圆盘。

第 3 步，首先将上面的 n−1 个圆盘（即第 1，2，…，n−1 号圆盘）看成一个整体，然后按如下方法操作：

（1）把 A 杆上的 n−1 个圆盘借助 B 杆，移到 C 杆上，如图 9.8.2 所示。

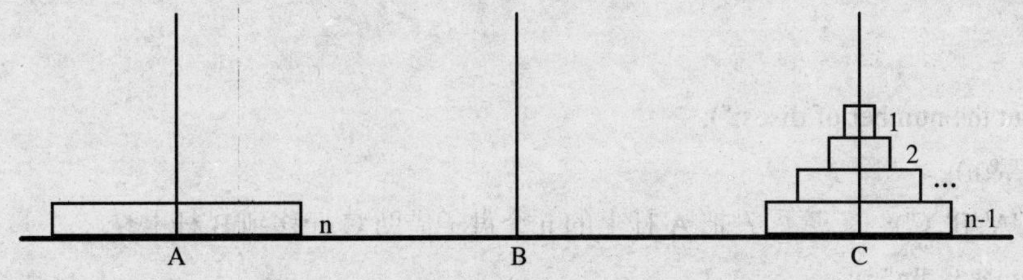

图 9.8.2　汉诺塔问题（二）

（2）把 A 杆上的第 n 个圆盘移到 B 杆上，如图 9.8.3 所示。

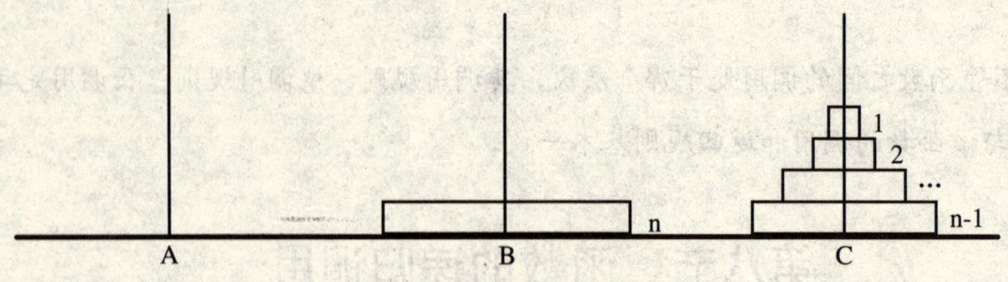

图 9.8.3　汉诺塔问题（三）

（3）把 C 杆上的 n-1 个圆盘借助 A 杆，移到 B 杆上，如图 9.8.4 所示。

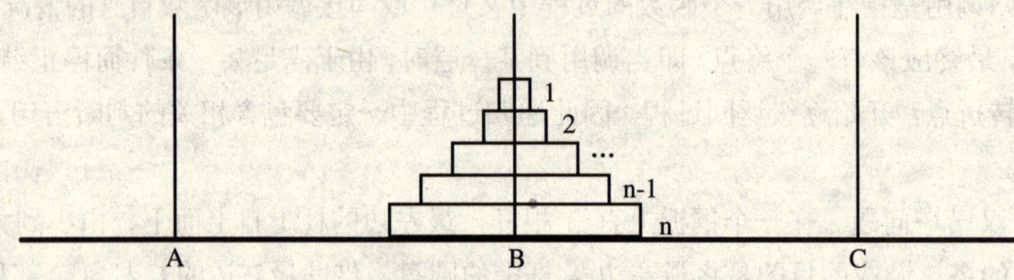

图 9.8.4　汉诺塔问题（四）

依据前面的分析，把第 1 步中简化问题的条件作为递归结束的条件，第 3 步中的分析作为递归算法，得到如下程序：

程序

```
#include<stdio.h>
int i=0;                                    /*圆盘移动计数器*/
/*把 c1 上的 n 个盘子借助 c3 移到 c2 上*/
void function(int n,char c1,char c2,char c3)
{ if(n==1)
     printf("%2d:disc %2d from %c to %c\n",++i,n,c1,c2);
  else
  {
    function(n-1,c1,c3,c2);
    printf("%2d:disc %2d from %c to %c\n",++i,n,c1,c2);
    function(n-1,c3,c2,c1);
  }
}
main()
{ int n;
  printf("Input the number of discs:");
  scanf("%d",&n);
  function(n,'A','B','C');        /*把 A 杆上的 n 个盘子借助 C 杆移到 B 杆上*/
  printf("\tTimes:%d\n",i);
    getch();
}
```

输入

Input the number of discs:4↙

输出

```
 1:disc  1 from A to C
 2:disc  2 from A to B
 3:disc  1 from C to B
 4:disc  3 from A to C
 5:disc  1 from B to A
 6:disc  2 from B to C
 7:disc  1 from A to C
 8:disc  4 from A to B
 9:disc  1 from C to B
10:disc  2 from C to A
11:disc  1 from B to A
12:disc  3 from C to B
13:disc  1 from A to C
14:disc  2 from A to B
15:disc  1 from C to B
        Times:15
```

注意 当一个问题蕴涵了递归关系且结构比较复杂时，可以采用递归调用的程序设计思想，使问题变得简单，并增加程序的可读性。另外，所有的递归问题都可以用非递归的算法来实现。

第九节 预编译处理

C语言与其他高级语言的一个重要区别在于它支持预处理命令。使用预处理命令可以改进程序设计环境，提高程序的可读性、可修改性、可移植性，易于模块化。常见的预处理命令有宏定义、文件包含和条件编译。

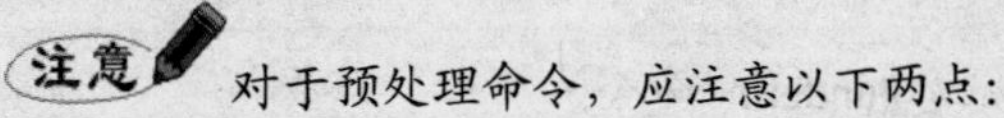

对于预处理命令，应注意以下两点：

（1）预处理命令可以出现在程序中任何位置。

（2）为了区别于一般C语句，预处理命令在使用时，应以“#”开头，末尾不加分号“;”。

一、宏定义

宏定义是指用指定的一个标识符来代替一个字符串，即替换。宏定义有两种形式，即不带参数的宏定义和带参数的宏定义。

1. 不带参数的宏定义

不带参数的宏定义是指用一个字符串替换程序中指定的标识符，其一般格式如下：

#define 标识符 字符串

其中，标识符是宏名；字符串是宏替换。在编译前，预处理将程序中该宏定义后出现的所有标识符用指定的字符串替换。

例 9.18　给出半径，求圆面积。

程序

```
#include<stdio.h>
#define PI 3.1415927
main()
{ float r,s;
  printf("Input radius:");
  scanf("%f",&r);
  s=PI*r*r;
  printf("area=%.4f*%.2f*%.2f=%.2f\n",PI,r,r,s);
}
```

输入

Input radius:2.4↙

输出

```
area=3.1416*2.40*2.40=18.10
```

分析

本程序是已知圆半径求圆的面积。程序首先宏定义圆周率 PI，然后由主函数 main()从键盘接收输入的圆半径，计算并输出圆面积。

注意　使用宏定义时，应注意以下几点：

（1）一般情况下，宏名用大写字母表示，以便与变量区别。

（2）宏定义只是符号替换，不属于语句，因而不需要语法检查。

（3）程序中双撇号内的宏名不替换。

（4）如果程序中需要提前结束宏名使用，则应加#undefine 命令。

2．带参数的宏定义

带参数的宏定义的一般格式如下：

#define 标识符(形参列表) 形参表达式

其中，标识符是宏名，形参表达式是宏替换。在编译时，预处理将程序中出现的所有带实参的宏名展开成由实参组成的表达式。

例 9.19　给出半径，求圆面积。

程序

```
#include<stdio.h>
#define PI 3.1415927
#define area(r) PI*r*r
main()
{ float r,s;
```

```
printf("Input radius:");
scanf("%f",&r);
s=area(r);
printf("area=%.4f*%.2f*%.2f=%.2f\n",PI,r,r,s);
}
```

输入

Input radius:3.4↙

输出

area=3.1416*3.40*3.40=36.32

分析

本程序是对例 9.18 的另一种求解。程序首先定义了一个不带参数的宏 PI，然后定义了一个带参数的宏 area(r)，最后主函数 main()接收从键盘输入的圆半径 r，通过宏处理计算并输出结果。

注意　带参数的宏定义与函数类似，都是通过形参和实参传递数据，但二者之间也存在着本质区别，具体体现在以下几点：

（1）函数中实参与形参的类型要保持一致，而带参数的宏不要求。

（2）函数中形参占用临时内存空间，影响程序的运行速度；而宏定义在编译前进行，影响编译速度。

（3）调用函数只能得到一个返回值，而使用宏定义可以得到多个结果。

二、文件包含

文件包含是指一个源文件可以将另外一个源文件的全部内容包含进来，其一般格式如下：

#include"文件名"或#include<文件名>

其功能是用指定文件名的内容代替预处理命令。

例如，在使用系统库函数中的时间函数前，应在程序开始使用#include<time.h>，表示将文件 time.h 的内容嵌入到当前程序中。

例 9.20　输入两个整型数据，求出其加、减、乘和除的结果。

程序

```
/*创建 file1.h*/
int add(int x,int y)
{ int z;
  z=x+y;
  return(z);
}
/*创建 file2.h*/
int sub(int x,int y)
{ int z;
```

```
  z=x-y;
  return(z);
}
/*创建 file3.h*/
int mul(int x,int y)
{ int z;
  z=x*y;
  return(z);
}
/*创建 file4.h*/
int div(int x,int y)
{ int z;
  if(y==0)
      z=0;
  else
        z=x/y;
  return(z);
}
/*创建 file.c*/
#include"file1.h"
#include"file2.h"
#include"file3.h"
#include"file4.h"
main()
{ int a,b;
  printf("Input two numbers:\n");
  printf("a=");
  scanf("%d",&a);
  printf("b=");
  scanf("%d",&b);
  printf("%d+%d=%d\n",a,b,add(a,b));
  printf("%d-%d=%d\n",a,b,sub(a,b));
  printf("%d*%d=%d\n",a,b,mul(a,b));
  printf("%d/%d=%d\n",a,b,div(a,b));
}
```

输入

Input two numbers:

a=5↙

b=3↙

输出

```
5+3=8
5-3=2
5*3=15
5/3=1
```

分析

本程序创建了4个文件，分别用于进行加、减、乘、除运算。在主程序file.c中，首先进行文件包含处理，然后接收从键盘输入的两个整数a和b，最后分别调用创建的4个文件，计算并输出结果。

注意　使用文件包含时，应注意以下3点：

（1）被包含文件必须是文本文件，不能是可执行程序或其他文件。

（2）一个#include命令只能包含一个文件。

（3）文件包含可以嵌套使用。例如，如果文件1包含文件2，而文件2需要用到文件3的内容，则可以在文件1中定义两个#include命令（文件3在文件2之前），即在file1.c中定义：

```
#include<file3.c>
#include<file2.c>
```

三、条件编译

一般情况下，C语言中每行语句都会被编译。如果需要某部分语句不被编译，或者只有在一定的条件下才能被编译，则就是条件编译。常见的条件编译有3种，即#ifdef、#ifndef和#if。

1．#ifdef

#ifdef的作用是若指定的宏定义标识符已被#define定义，则编译程序段1，否则编译程序段2。其一般格式如下：

```
#ifdef <宏定义标识符>
      程序段 1
#else
      程序段 2
#endif
```

例9.21　条件编译#ifdef实例。

程序

```
#include<stdio.h>
#define PI 3.1415927
#define FLAG 1
main()
{ int area,r;
  printf("radius:");
  scanf("%d",&r);
  area=PI*r*r;
```

```
  #ifdef FLAG
      printf("area=%d\n",area);
  #else
      printf("%d\n",area);
  #endif
}
```

输入

radius:12↙

输出

area=452

分析

本程序宏定义 FLAG 用于调试输出信息。当程序调试完成时，就使用宏定义#define 直接输出结果，这样可以增加程序的灵活性，便于维护。

2．#ifndef

#ifndef 的作用是若指定的宏定义标识符没有被#define 定义，则编译程序段 1，否则编译程序段 2。其一般格式如下：

```
#ifndef <宏定义标识符>
      程序段 1
#else
      程序段 2
#endif
```

例 9.22　条件编译#ifndef 实例。

程序

```
#include<stdio.h>
#define PI 3.1415927
main()
{ int area,r;
  printf("radius:");
  scanf("%d",&r);
  area=PI*r*r;
  #ifndef FLAG
      printf("area=%d\n",area);
  #else
      printf("%d\n",area);
  #endif
}
```

输入

radius:12↙

输出

area=452

分析

本程序中没有宏定义 FLAG，在程序开始运行时将显示一些调试信息；当调试完成后，只须在程序开头加宏定义#define FLAG 1 命令，则调试信息就会被屏蔽，直接输出结果。

3．#if

#if 的作用是若指定表达式的值为真，则编译程序段 1，否则编译程序段 2。其一般格式如下：

```
#if <表达式>
    程序段 1
#else
    程序段 2
#endif
```

例 9.23　条件编译#if 实例。

程序

```
#include<stdio.h>
#define PI 3.1415927
#define FLAG 1
main()
{ int area,r;
  printf("radius:");
  scanf("%d",&r);
  area=PI*r*r;
  #if FLAG
      printf("area=%d\n",area);
  #else
      printf("%d\n",area);
  #endif
}
```

输入

radius:12↙

输出

area=452

注意　虽然 3 种条件编译都可以通过 if 语句实现，但是条件编译与 if 语句之间存在着本质的区别：使用 if 语句时，所有语句都要被编译，不仅增加了目标文件的长度，而且增加了程序的运行时间；而使用条件编译时，不仅缩短了目标程序的长度，减少了运行时间，而且大大提高了程序的可移植性，增强了程序的灵活性。

第十节　程序举例

例 9.24　用牛顿迭代法求方程 $ax^3+2x^2+cx+d=0$ 的根，其中 a，b，c，d 的值依次从键盘输入，求 x 在 1 附近的一个实根。

算法

牛顿迭代法的公式是 $x=x_0-f(x)/f'(x)$，设迭代到 $|x-x_0|\leqslant 10^{-5}$ 时结束。

程序

```
#include<stdio.h>
#include<math.h>
float function(float a,float b,float c,float d)
{ float x,x0,f,f1;
  x=1;
  do
  {
    x0=x;
    f=((a*x0+b)*x0+c)*x0+d;
    f1=(3*a*x0+2*b)*x0+c;
    x=x0-f/f1;
  }
  while(fabs(x-x0)>1e-5);
  return(x);
}
main()
{ float a,b,c,d;
  printf("Input\ta=");
  scanf("%f",&a);
  printf("\tb=");
  scanf("%f",&b);
  printf("\tc=");
  scanf("%f",&c);
  printf("\td=");
  scanf("%f",&d);
  printf("x=%.4f\n",function(a,b,c,d));
}
```

输入

```
Input     a=1↙
          b=2↙
          c=3↙
          d=4↙
```

输出

```
x=-1.6506
```

例 9.25　使用宏定义判断某年是否为闰年。

程序

```
#include<stdio.h>
#define LEAP(year) ((year%400==0)||(year%4==0)&&(year%100!=0))
#define NUM(year) ((year>=1000)&&(year<=9999))
#define PR printf
main()
{ int year;
  PR("Input a year: ");
  loop:
  scanf("%d",&year);
  if(!NUM(year))
  {
    PR("Input error，please again:");
   goto loop;
  }
  else
  {
   PR("The year %d is ",year);
   if(LEAP(year))
       PR("a leap year.\n");
   else
       PR("not a leap year.\n");
  }
}
```

输入

```
Input a year: 198↙
Input error，please again:1982↙
```

输出

```
The year 1982 is not a leap year.
```

分析

程序中定义了一个不带参数的宏定义，用于格式化输出；还定义了两个带参数的宏定义，分别用于判断某年是否为闰年和判断某个数是否为4位数。

本章小结

在C语言中，程序体是由主函数main()和用户自定义子函数组成的，本章首先介绍了子函数的定义格式和调用方法，并结合实例介绍了函数的嵌套调用和递归调用；然后介绍了C语言特有的预编译功能，预编译处理是在编译前进行的特殊处理，主要是为了改进程序设计环境，提高编程效率。

习题九

一、填空题

1．在C语言中，程序体是由函数组成的，常见的子函数分为____________、____________和____________。

2．预编译处理分为____________、____________和____________。

二、选择题

1．以下叙述中正确的是（ ）。

A．C语言程序的函数中必须有return语句

B．在C语言程序中，函数的类型必须进行显式说明

C．在函数中，return语句必须放在函数体的最后

D．在C语言程序中，return语句中表达式的类型应该与函数的类型赋值兼容

2．能正确表示数学公式$\sqrt{\sin(x^{\circ})}$的C语言表达式是（ ）。

A．sqrt(abs(sin(x*π/180)))　　B．sqrt(abs(sin(x*3.14/180)))

C．sqrt(sin(x))　　D．sqrt(fabs(sin(x*3.14/180)))

三、上机操作题

1．编写一个水仙花数的函数，求100到999之间所有的水仙花数。所谓水仙花数是指一个三位数，其各位立方和等于该数，例如$153=1^3+5^3+3^3$。

2．编写函数，根据整型参数m的值，计算公式$t=1-\frac{1}{2\times 2}-\frac{1}{3\times 3}-\cdots-\frac{1}{m\times m}$的值。

第十章　指　针

教学目标

指针是一种数据类型，是 C 语言的一个重要特色，正确灵活地运用指针，可以简化程序、紧凑结构、提高程序的运行效率。本章首先介绍指针的基本概念，然后结合实例依次介绍数组指针、函数指针、字符串指针及指向指针的指针。

教学难点与重点

（1）指针的概念。

（2）数组与指针的关系。

（3）函数与指针的关系。

（4）字符串与指针的关系。

（5）指针数组与指向指针的指针。

第一节　概　述

一般情况下，计算机在执行 C 程序时，60%～70%的时间都是用于寻找地址。为了减少寻址时间，引入了指针变量，通过指针变量可以直接对内存中的不同数据进行快速处理。

一、指针的基本概念

从某种角度讲，指针就是地址。在介绍指针之前，先了解以下几个概念：

（1）直接访问：通过变量名访问数据的方式称为数据的直接访问。

例如：

```
int n;
scanf("%d",&n);                    /*系统将输入的整型数据送到内存变量 n 的地址中*/
printf("%d\n",n);                  /*通过访问变量 n 输出该整型数据*/
```

（2）间接访问：如果将变量 p 的地址存放到另一个变量 q 中，通过访问变量 q 达到间接访问变量 p 的目的，这种访问方式称为间接访问。

例如：

```
int n,*p;                          /*定义整型变量 n 和指针变量 p*/
scanf("%d",&n);                    /*系统将输入的整型数据送到内存变量 n 的地址中*/
p=&n;                              /*将变量 n 的地址赋给指针变量 p*/
printf("%d\n",*p);                 /*通过访问指针变量 p 输出整型数据 n*/
```

（3）指针：指针是一种数据类型，它是一个变量在内存中所对应的单元地址。在计算机中，系统为每个数据都分配一个存储单元，每个存储单元对应着一个存储地址，用户可以通过地址找到存储单元所在的位置，从而获取该存储单元中的数据，在C语言中，此过程称为指针。

（4）指针变量：指针变量是存储另一个变量地址的变量，即存放地址的变量。当定义某个变量后，系统将根据数据类型在内存中为其分配一个相应大小的存储单元，因而使用指针在变量与对应的存储单元地址之间建立联系，即可通过指针的相关操作来实现对变量的访问。因此，变量指针就是变量的地址，存放变量地址的变量称为指针变量。

二、指针的引用和运算

在实际应用中，对指针操作有两种方式，即对指针变量赋初值和利用指针间接访问变量。由于指针是一种存放变量地址的特殊变量，因而对其初始化的方法是把变量的地址赋给指针变量名。在C语言中，变量在内存中是以具体的地址形式存放的，可以使用取地址运算符“&”获得变量在内存中的地址。一般情况下，指针变量的赋值格式如下：

<指针变量名>=&<所指向的变量名>;

例如，把整型数据10赋给指向整型变量的指针变量a。

```
int *a;
int b=10;
a=&b;
```

指针变量在使用前必须先定义，其定义的一般格式如下：

指针类型 *指针变量名

其中，指针类型表示指针所指向的变量中存放数据的类型；指针变量名是指针的名称，它的命名遵循标识符命名规则；“*”是指针标识符，仅起到一个标识作用，用于说明定义的变量为指针变量，它可以靠近定义中任何一个部分。

例如，定义一个指向整型变量的指针变量a。

```
int *a;
或 int* a;
或 int * a;
```

三、指针变量的初始化

在使用指针变量前，首先要对其进行初始化，使指针变量指向一个具体的变量。一般情况下，指针变量的初始化分为以下两种形式：

（1）使用赋值语句进行指针初始化。

例如：

```
int a,*p;                    /*定义一个整型变量a和一个指针变量p*/
p=&a;                        /*将变量a的地址赋给指针变量p*/
```

（2）在定义指针变量时进行初始化。

例如：

```
int a *p=&a;                 /*在定义指针变量p的同时，把整型变量a的地址赋给它*/
```

当指针变量定义和赋值后，引用变量时可以用变量名直接引用，也可以通过指向变量的指针间接引用。

例 10.1 指针变量实例。

程序

```
#include<stdio.h>
main()
{ int num1,num2;
  int *num3,*num4;
  printf("num1=");
  scanf("%d",&num1);
  printf("num2=");
  scanf("%d",&num2);
  num3=&num1;
  num4=&num2;
  printf("num1=%d\t\tnum2=%d\n",num1,num2);
  printf("num3=%d\tnum4=%d\n",num3,num4);
  printf("num3=%d\t\tnum4=%d\n",*num3,*num4);
}
```

输入

```
num1=22↙
num2=12↙
```

输出

```
num1=22         num2=12
num3=1245052    num4=1245048
num3=22         num4=12
```

分析

本程序首先获取从键盘输入的两个整型数据 num1 和 num2，然后将它们的地址分别赋给指针变量 num3 和 num4。在输出指向整型数据的指针变量时，应使用指针标识符“*”。

例 10.2 比较两个数的大小，并按从小到大的顺序输出。

程序

```
#include<stdio.h>
main()
{ int *num1,*num2,t,a,b;
 printf("Input two numbers:\n");
 printf("a=");
 scanf("%d",&a);
 printf("b=");
```

```
  scanf("%d",&b);
  num1=&a;
  num2=&b;
  if(a>b)
  {
   t=*num1;
      *num1=*num2;
      *num2=t;
  }
  printf("The order from small to big is\n");
  printf("%d\t%d\n",a,b);
  printf("min=%d\tmax=%d\n",*num1,*num2);
}
```

输入

```
Input two numbers:
a=12↙
b=8↙
```

输出

```
The order from small to big is
8       12
min=8   max=12
```

分析

本程序中，首先输入 a=12，b=8，由于 a>b，因此将 num1 与 num2 通过 t 进行交换，具体交换情况如图 10.1.1 所示。

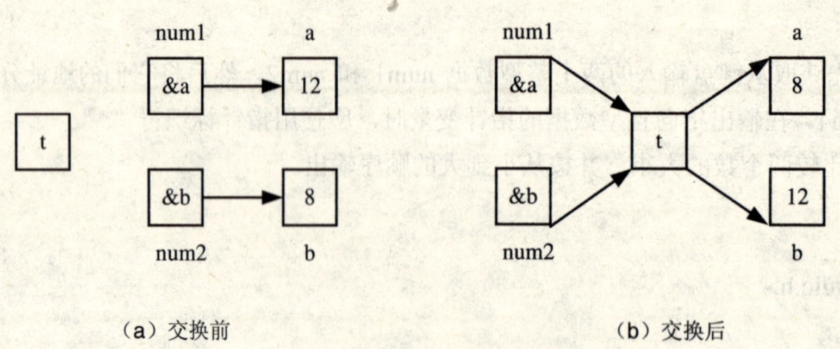

图 10.1.1　指向整型数据的指针变量与整型变量的关系

实际上，a 和 b 并未进行交换，只是改变了 num1 和 num2 的值。num1 的原值为&a，交换后变成&b；num2 的原值为&b，交换后变成&a。所以在输出*num1 和*num2 时，实际上是输出变量 b 和 a 的值，不是交换整型变量的值，而是交换两个指针变量的值。

第二节　数组与指针

在 C 语言中，凡是由数组下标完成的操作都可用指针来实现，因而指针与数组有着紧密的联系。

一、指向数组元素的指针

指针变量不仅可以指向基本数据类型（整型数据、字符型数据等）变量，也可以指向数组中的元素。定义一个指向数组元素指针变量的方法，与定义指向变量的指针变量相同。

例如：

```
int array[10];
int *p;
p=&array[0];
```

等价于

```
int array[10],*p;
p=array;
```

首先定义了一个一维整型数组 array 和一个指向整型变量的指针变量 p，然后把该数组的首地址 array[0]赋给指针变量 p，通过赋值语句“p=&array[0]”或“p=array;”把数组与指针联系起来，如图 10.2.1 所示。

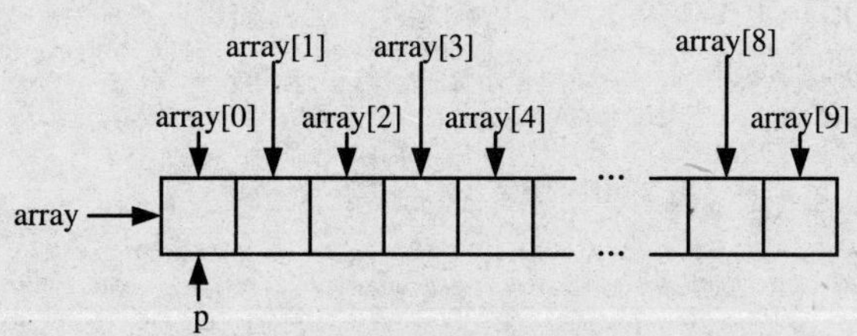

图 10.2.1　指针变量与数组元素的关系

在 C 语言中，如果某个指针变量 p 指向数组中的一个元素，则 p+1 指向该数组中的下一个元素。例如，一个整型数组变量 a 和一个指向整型变量的指针变量 p，a 中每个元素占两个字节，p 指向 a[i]，则 p+1 指向 p 的值（某个确定的地址）加两个字节后所指的元素，如图 10.2.2 所示。

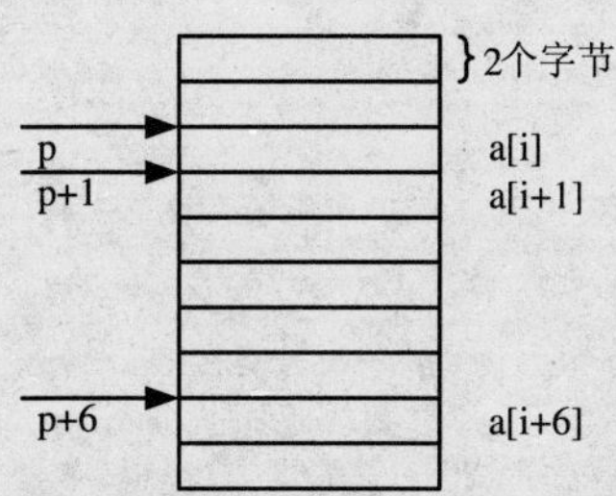

图 10.2.2　指针变量与数组元素的关系

如果 p 的初始值是&a[0]，那么

（1）p+i 和 a+i 就是数组 a[i]的地址，即数组 a 中第 i 个元素的地址。例如，p+5 就是数组 a 中的第 5 个元素（即 a[4]）的地址。

（2）*(p+i)和*(a+i)是数组 a[i]所指向元素的值。例如，*(p+5)就是数组中第 5 个元素（即 a[4]）的值。

（3）指向数组的指针变量还可以带下标。例如，p[5]与*(p+5)等价。

综上所述，引用某个数组的元素可以通过以下两种方法实现：

（1）下标法：在数组中可以通过下标确定某个数组元素在数组中的顺序和存储地址。

（2）指针法：由于指针变量可以指向普通变量，而每个数组元素相当于一个变量，因此指针变量同样可以指向数组中的元素。

例 10.3 随机产生一个一维数组，输出该数组的全部元素。

（1）下标法。

程序

```
#include<stdio.h>
#include<time.h>
#include<stdlib.h>
main()
{ int i,a[10];
 srand(time(NULL));
 for(i=0;i<10;i++)
     a[i]=rand()%100;
 printf("The array is");
 for(i=0;i<10;i++)
 {
   if(i%5==0)
      printf("\n");
   printf("%3d",a[i]);
 }
}
```

输出

```
The array is
 62 99 30 44  2
 77 89 26 68 41
```

（2）用数组名实现的指针法。

程序

```
#include<stdio.h>
#include<time.h>
#include<stdlib.h>
main()
{ int i,a[10];
 srand(time(NULL));
 for(i=0;i<10;i++)
```

```
        a[i]=rand()%100;
    printf("The array is");
    for(i=0;i<10;i++)
    {
     if(i%5==0)
         printf("\n");
     printf("%3d",*(a+i));
    }
}
```

输出

```
The array is
 42 43 94  9 45
 37 18 77 39 95
```

（3）用指针变量实现的指针法。

程序

```
#include<stdio.h>
#include<time.h>
#include<stdlib.h>
main()
{ int i,a[10],*p;
  srand(time(NULL));
  for(i=0;i<10;i++)
       a[i]=rand()%100;
  printf("The array is");
  for(p=a,i=0;p<(a+10);p++,i++)
   {
    if(i%5==0)
           printf("\n");
    printf("%3d",*p);
   }
}
```

输出

```
The array is
 80 51 32 30 11
 42 36 73  6 88
```

注意 使用指针变量时，应注意以下几点：

（1）指针变量的值可以改变。例如，上述方法（3）中用指针变量 p 来指向元素，用 p++将 p 的值不断更新。

（2）要注意指针变量 p 的当前值。例如，上述方法（3）中指针 p 在第一次循环中指向数组 a

的第一个元素，在第二次循环中指向数组 a 的第二个元素，...，在第十次循环中指向该数组的末尾值。

（3）在使用指针变量指向数组元素时，应确保指向数组中有效的元素。例如，*(p+11) 这种表示法是不合法的。

（4）应注意指针变量的运算。

在 C 语言中，常见的指针运算如下：

（1）指针的加减运算。可以用指针变量进行加减运算，控制指针变量指向数组中的其他元素，有以下两种基本形式：

1）p++（p--）：使指针从当前位置向后（向前）移动一个元素地址，此时指针的指向已经发生了改变。

2）p+i（p-i）：实现对当前指针之后（之前）第 i 个元素地址的访问，此时指针的指向并未改变。

（2）指针变量赋值。将一个变量地址赋给一个指针变量。

例如：

```
p=&a;                    /*把变量 a 的地址赋给 p*/
p=array;                 /*把数组 array 首地址赋给 p*/
p=&array[i];             /*把数组 array 第 i 个元素的地址赋给 p*/
p1=p2;                   /*把 p2 的值赋给 p1*/
```

注意　不能把一个整数赋给指针变量，例如，“p=10;”是不合法的。

（3）两个指针变量相减。如果两个指针变量都指向同一个数组元素，那么这两个指针变量值之差就是两个指针之间的元素个数。

例如，p1 和 p2 是指向整型变量的两个指针变量；a[n]是一个含有 n 个元素的一维数组；p1 指向 a[1]，p2 指向 a[5]，则 p2-p1=5-1=4，但表达式 p1+p2 没有实际意义。

（4）两个指针变量比较。如果两个指针变量都指向同一个数组元素，那么这两个指针变量可以进行比较。比较规则是指向前面元素的指针变量小于指向后面元素的指针变量。

例如，p1 和 p2 是指向整型变量的两个指针变量；a[n]是一个含有 n 个元素的一维数组；p1 指向 a[1]，p2 指向 a[5]，则 p1<p2。

二、通过指针引用一维数组中的元素

在 C 语言中，数组名表示数组的首地址，即数组第一个元素的地址。例如，语句“p=&a[0];”表示将数组 a 中第一个元素的地址（即首地址）赋给指针变量 p，该语句等价于“p=a;”。

对于一维数组元素的访问，下标法和指针法是等价的，从系统内部的处理机制考虑，指针法效率较高，但是指针法没有下标法直观，下标法可以直接看出要访问的数据是哪个元素。

例 10.4　求一个随机数组中各元素之和。

算法

通过 srand()函数产生随机数组 a，调用函数 function()，求出并输出该数组中所有元素之和。

程序

```
#include<stdio.h>
```

```
#include<stdlib.h>
#include<time.h>
void function(int a[],int n)
{ int i,sum,*p;
 sum=0;
 p=a;
 for(i=0;i<n;i++)
     sum=sum+*(p+i);
 printf("\nSum=%d\n",sum);
}
main()
{ int i,n,*p,a[80];
 printf("N=");
 scanf("%d",&n);
 srand(time(NULL));
 for(i=0;i<n;i++)
     a[i]=rand()%100;
 printf("The array is");
 for(p=a,i=0;p<(a+n);p++,i++)
   {
     if(i%5==0)
         printf("\n");
     printf("%3d",*p);
   }
 function(a,n);
}
```

输入

N=25↙

输出

```
The array is
 53 35 19 13 14
 15 37 49 51 58
 37 83  6 62  3
 82 39 33 56 75
 23 30 57 24 45
Sum=999
```

例 10.5　随机产生 n 个整型数据（111～999），找出其中的最大值和最小值，其中 n 由用户从键盘输入。

算法

通过 srand()函数产生随机数，并存储到数组 array 中，通过调用函数 function1()和 function2()，求出最大值 max 和最小值 min。

程序

```
#include<stdio.h>
#include<stdlib.h>
#include<time.h>
#define PR printf
/*求数组中的最大值*/
void function1(int a[],int x)
{ int *max,*p;
 max=a;
 for(p=a+1;p<a+x;p++)
    if(*max<*p)
    *max=*p;
 PR("Max=%d\n",*max);
}
/*求数组中的最小值*/
void function2(int a[],int x)
{ int *min,*p;
 min=a;
 for(p=a+1;p<a+x;p++)
    if(*min>*p)
       *min=*p;
 PR("Min=%d\n",*min);
}
main()
{ int i,n,array[80];
 PR("Input the total of numbers.\n");
 PR("n=");
 scanf("%d",&n);
 srand(time(NULL));
 PR("The array is");
 for(i=0;i<n;i++)
 {
  if(i%5==0)
      PR("\n");
  array[i]=rand()%889+111;
  PR("%5d",array[i]);
 }
  PR("\n");
```

```
    function1(array,n);
    function2(array,n);
}
```

输入

Input the total of numbers.

n=25↙

输出

```
The array is
  991  344  656  706  665
  386  213  260  883  716
  763  750  695  905  819
  945  388  515  816  812
  597  906  745  755  384
Max=991
Min=213
```

分析

本程序首先从键盘输入随机数的个数 n，然后产生 n 个随机数存放于数组 array 中并输出，接着调用子函数 function1()和 function2()，它们的功能分别是求数组中的最大值和最小值。在函数 function1()中定义了 max 和 p 两个指向整型变量的指针，把数组中的第一个元素赋给 max，第二个元素赋给 p，求最大值 max 并输出；在函数 function2()中求数组中的最小值。

三、通过指针引用二维数组中的元素

在 C 语言中，二维数组是按行优先的规律转换成一维数组存放在内存中的，因而可以通过指针访问二维数组中的元素。

例如：

```
int a[3][3],*p;
p=&a[0][0];
```

或 p=a;

其中，a 表示二维数组的首地址；a[0]表示二维数组 a 中第 0 行元素的起始地址；a[1]表示二维数组第一行元素的首地址；数组元素 a[i][j]的存储地址是&a[0][0]+i*3+j。

例 10.6 随机产生一个二维数组，利用指针逐个输出该数组中的元素。

程序

```
#include<stdio.h>
#include<stdlib.h>
#include<time.h>
main()
{ int i,j,m,n;
  int a[80][80],*p;
  printf("Input the array\'s line and row.\n");
```

```
    printf("line=");
    scanf("%d",&m);
    printf("row=");
    scanf("%d",&n);
    srand(time(NULL));
    for(i=0;i<m;i++)
        for(j=0;j<n;j++)
            a[i][j]=rand()%100;
    printf("The array is");
    for(p=a[0],i=0;p<(a[0]+m*n);p++,i++)
    {
        if(i%5==0)
            printf("\n");
        printf("%3d",*p);
    }
}
```

输入

```
Input the array's line and row.
line=3↙
row=4↙
```

输出

```
The array is
 21 42  3 75
 90 19 24 95
 36 31 56 96
```

例 10.7　给出某年某月某日，将其转换成该年的第几天并输出。

算法

若给定的月份是 i，则将 1，2，3，…，i–1 月的各月天数累加，再加上在指定的天数。但对于闰年，二月是 29 天，因此要判断给定的年份是否为闰年。

程序

```
#include<stdio.h>
function(int a[][13],int x,int y,int z)
{ int *day;
  int i,j;
  day=a[0];
  i=0;
  if(((x%400)==0)||(((x%4)==0)&&((x%100)!=0)))
      i=1;
```

```
  for(j=1;j<y;j++)
      z=z+*(day+i*13+j);
  return(z);
}
void main()
{ int day[2][13]={
        {0,31,28,31,30,31,30,31,31,30,31,30,31},
        {0,31,29,31,30,31,30,31,31,30,31,30,31}};
  int y,m,d,date;
  printf("Input year-month-day:");
  scanf("%d-%d-%d",&y,&m,&d);
  date=function(day,y,m,d);
  printf("%d-%d-%d is the %dth day in this year.\n",y,m,d,date);
}
```

输入

Input year-month-day:2005-8-25↙

输出

```
2005-8-25 is the 237th day in this year.
```

分析

在 C 语言中，系统对二维数组的元素在内存中是按行存放的，所以在函数 function()中，要使用公式“day+i*13+j”累加二维数组 day 中元素的地址。

第三节 函数与指针

在 C 语言中，函数之间不仅可以传递一般变量的值，而且可以传递地址（即指针）。本节将介绍函数与指针之间的关系，包括指针作函数的参数、指针作函数的返回值及指向函数的指针。

一、指针作函数的参数

函数的参数可以是整型数据、实型数据、字符型数据等，也可以是指针类型，其作用是将一个变量的地址传递到另一个函数中。在函数间传递变量地址时，函数间传递的不是变量中的数据，而是变量的地址。

例 10.8 求两数之和。

程序

```
#include<stdio.h>
#define PR printf
int function(int *x,int *y)
```

```
{ int z;
  z=*x+*y;
  return(z);
 }
main()
{ int a,b;
  int *p1,*p2,p;
  PR("Input two numbers:\n");
  PR("a=");
  scanf("%d",&a);
  PR("b=");
  scanf("%d",&b);
  p1=&a;
  p2=&b;
  p=function(p1,p2);
  printf("Sum=%d\n",p);
 }
```

输入

```
Input two numbers:
a=12↙
b=21↙
```

输出

```
Sum=33
```

例 10.9　有一个数列为 $\frac{2}{1}$，$\frac{3}{2}$，$\frac{5}{3}$，$\frac{8}{5}$，…求其前 n 项和，其中 n 由键盘输入。

算法

在主函数 main()中确定数列第一项的分子和分母，以及数列的项数；然后在子函数中实现数列各项的累加。

程序

```
#include<stdio.h>
#define PR printf
void function(int *p,int *q,float *m)
{ int n;
  *m=*m+(float)*p/(*q);
   n=*q;
  *q=*p;
  *p=n+*p;}
```

```
main()
{ int a,b,n,i;
 float c;
 c=0.00;
 PR("Input the total of array:");
 scanf("%d",&n);
 a=2;
 b=1;
 for(i=0;i<n;i++)
     function(&a,&b,&c);
 PR("Sum=%.2f\n",c);
}
```

输入

Input the total of array:30↙

输出

Sum=48.84

分析

本程序中，变量 a，b 和 c 的地址分别通过参数传递的方式与指针变量 p，q 和 m 建立关系，然后通过 for 循环执行函数调用，把数列每一项加起来并赋给新项。

使用指针作为函数参数时，应注意以下两点：

（1）和基本函数调用相同，先定义后使用。

（2）不能通过改变形参的传递方向来改变实参指针的传递方向。在 C 语言中，实参变量和形参变量之间的传递是单向的，指针变量作为函数参数也要遵循这一原则。

二、函数返回指针

函数的返回值可以是整型数据、实型数据、字符型数据等，也可以是指针类型，其作用是将一个指针数据返回到另一个函数中。

例 10.10 求 3 个数中的最大者。

程序

```
#include<stdio.h>
#define PR printf
int *function(int *x,int *y)
{ int *z;
 if(*x<*y)
    z=y;
```

```
  else
    z=x;
  return(z);
 }
main()
{ int a,b,c;
  int *p1,*p2,*p3,*p;
  PR("Input three numbers:\n");
  PR("a=");
  scanf("%d",&a);
  PR("b=");
  scanf("%d",&b);
  PR("c=");
  scanf("%d",&c);
  p1=&a;
  p2=&b;
  p3=&c;
  p=function(p3,function(p1,p2));
  printf("max=%d\n",*p);
 }
```

输入

```
Input three numbers:
a=12↙
b=24↙
c=46↙
```

输出

```
max=46
```

分析

function()是用户自定义的函数，其作用是判断指向整型数据的两个指针变量的大小，并输出较大者。函数 function()的两个形参 x 和 y 都是指向整型数据的指针变量。程序在运行时，先执行主函数 main()，从键盘输入 3 个整型数据 a，b，c，然后将它们的地址赋给 3 个指向整型数据的指针变量 p1，p2，p3；接着调用函数 function()，求两个数 p1 和 p2 中的较大者，并把较大者返回给指向整型变量的指针变量 p；最后再调用函数 function()，求 p3 和 p 之间的较大者，结果即为三者中的最大者。程序中由于子函数的嵌套调用，因而子函数的返回值必须是指向整型数据的指针变量。

三、指向函数的指针

在 C 语言中，可以用指针变量指向整型变量、字符串、数组，也可以用指针变量指向一个函数。

当函数定义后，编译系统为该函数确定一个入口地址，这个入口地址称为函数的指针。其一般定义格式如下：

类型标识符 (*指针变量名)()

其中，类型标识符表示函数返回值的类型。由于在C语言中，()的优先级别高于*，因而“*指针变量名”外部必须加圆括号。

例如：

```
int function1();
int (*function2)();
function2=function1;
```

例 10.11　输出两数中的较大者。

程序

```
#include<stdio.h>
int max(int *x,int *y)
{ return(*x>*y?*x:*y);
}
main()
{ int max(int *,int *);
  int (*fun)();
  int a,b,c;
  fun=max;
  printf("Input two numbers:\n");
  printf("a=");
  scanf("%d",&a);
  printf("b=");
  scanf("%d",&b);
  c=(*fun)(&a,&b);
  printf("The bigger number is %d\n",c);
}
```

输入

```
Input two numbers:
a=12↙
b=21↙
```

输出

```
The bigger number is 21
```

分析

程序中 int(*fun)()定义 fun 是一个指向函数的指针变量，此函数带回整型返回值。*fun 两侧的圆括号不能省略，表示 fun 先与*结合，是指针变量，然后再与后面的()结合，表示此指针变量指向函数，这个函数的返回值是整型。

四、指向函数的指针作函数参数

在前面的介绍中，我们了解到函数的参数可以是变量、指向变量的指针变量、数组名、指向数组的指针变量等。下面将介绍用指向函数的指针变量作函数的参数。

例如，有一个函数 fun()，它有两个形参 x1 和 x2，形参传递函数地址。在函数 fun()中调用函数 fun1()和 fun2()。程序如下：

```
fun(int (*x1)(int,int),int (*x2)(int,int))
{
      int a,b,m,n;
      a=(*x1)(m,n);
      b=(*x2)(m,n);
}
```

其中，m 和 n 是函数 fun1 和 fun2 的两个参数，函数 fun 的形参 x1 和 x2 在该函数未被调用时不占内存空间。当主函数调用 fun 时，把实参函数 fun1 和 fun2 的入口地址传递给形参指针变量 x1 和 x2，使 x1 和 x2 指向函数 fun1 和 fun2，这时在 fun 函数中，*x1 和*x2 就可以调用函数 fun1 和 fun2。

例 10.12　创建一个函数 fun，输入 a 和 b，第一次调用时，输出其中的较大者；第二次调用时，输出其中的较小者；第三次调用时，输出两数之和。

程序

```
#include<stdio.h>
int max(int x,int y)
{ return(x>y?x:y);
}
int min(int x,int y)
{ return(x>y?y:x);
}
int add(int x,int y)
{ return(x+y);
}
void fun(int x,int y,int (*f)(int,int))
{
   printf("%d\n",(*f)(x,y));
}
main()
{ int max(int,int);
  int min(int,int);
  int add(int,int);
  int a,b;
```

```
    printf("Input two numbers:\n");
    printf("a=");
    scanf("%d",&a);
    printf("b=");
    scanf("%d",&b);
    printf("max=");
    fun(a,b,max);
    printf("min=");
    fun(a,b,min);
    printf("add=");
    fun(a,b,add);
}
```

输入

```
Input two numbers:
a=12↙
b=24↙
```

输出

```
max=24
min=12
add=36
```

分析

max、min 和 add 是已定义的 3 个函数，分别用于求两数中的较大者、较小者和求和。在 main() 主函数中调用 fun 函数时，除了将 a 和 b 作为实参传递给 fun 的形参 x 和 y 外，还将函数名 max、min 和 add 作为实参将其入口地址传送给 fun 函数中的形参 f。

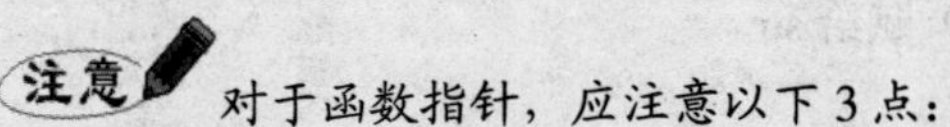

对于函数指针，应注意以下 3 点：

（1）一个函数指针可以先后指向不同的函数，与变量相同，将哪个函数的地址赋给它，它就指向哪个函数；当使用该函数指针时，就能调用该函数。

（2）函数可以通过函数名调用，也可以通过函数指针调用。

（3）对函数指针变量，不能做 p+n，p++，p--等运算。

第四节 字符串与指针

在 C 语言中，可以用两种方法访问字符串，即利用字符数组和字符指针。

例 10.13 字符串的输出实例。

（1）利用字符数组输出。

程序

```
#include<stdio.h>
main()
{ char str[80];
  printf("Input a string:");
  gets(str);
  printf("The string is %s\n",str);
}
```

（2）利用字符指针输出。

程序

```
#include<stdio.h>
main()
{ char *str;
  printf("Input a string:");
  gets(str);
  printf("The string is %s\n",str);
}
```

输入

```
Input a string:Welcome↙
```

输出

```
The string is Welcome
```

分析

本程序中没有定义字符数组，而是定义了一个字符指针变量 str。当定义了该指针变量后，把字符串的首地址（即存放字符串的字符数组的首地址）赋给 str。

例 10.14　编写程序实现 strcpy 函数的功能。

程序

```
#include<stdio.h>
main()
{ char *str1,*str2;
  int i;
  printf("Input string1:");
  gets(str1);
  for(i=0;*(str1+i)!='\0';i++)
       *(str2+i)=*(str1+i);
  *(str2+i)='\0';
  printf("String1=");
```

```
puts(str1);
printf("String2=");
puts(str2);
}
```

输入

Input string1:Warcraft↙

输出

```
String1=Warcraft
String2=Warcraft
```

一、字符指针作函数参数

将一个字符串从一个函数传递到另一个函数，可以用数组传递的方法，也可以用地址传递的方法，即用指向字符串的指针变量作函数的参数。

例 10.15 用函数调用实现字符串的互换。

程序

```
#include<stdio.h>
void function(char *str1,char *str2)
{ char *str;
  int i;
  for(i=0;*(str1+i)!='\0';i++)
      *(str+i)=*(str1+i);
  *(str+i)='\0';
  for(i=0;*(str2+i)!='\0';i++)
      *(str1+i)=*(str2+i);
  *(str1+i)='\0';
  for(i=0;*(str+i)!='\0';i++)
      *(str2+i)=*(str+i);
  *(str2+i)='\0';
  printf("String1=");
  printf("%s\n",str1);
  printf("String2=");
  printf("%s\n",str2);
}
main()
{ char *str1="I am a student.";
  char *str2="I am a worker.";
  int i;
  function(str1,str2);
```

```
 printf("String1=");
 printf("%s\n",str1);
 printf("String2=");
 printf("%s\n",str2);
}
```

输出

```
String1=I am a student.
String2=I am a worker.
String1=I am a worker.
String2=I am a student.
```

分析

主函数 main()中首先定义了两个字符指针变量*str1 和*str2，并分别赋予初值，然后调用子函数 function()；在函数 function()中，首先定义了一个指向字符的指针变量*str，然后以*str 为中介，将字符指针*str1 和*str2 互换，最后输出交换前与交换后的结果。

在 C 语言中，函数的书写格式灵活，因而程序中子函数 function()还可以换成以下形式：

```
void function(char *str1,char *str2)
{ char *str;
  for(;(*str++=*str1++)!='\0';)
      ;
  *str='\0';
  for(;(*str1++=*str2++)!='\0';)
      ;
  *str1='\0';
  for(;(*str2++=*str++)!='\0';)
      ;
  *str2='\0';
  printf("String1=");
  printf("%s\n",str1);
  printf("String2=");
  printf("%s\n",str2);
}
```

二、字符指针和字符数组的区别

在 C 语言中，虽然字符指针和字符数组都能够实现对字符串的操作，但是二者之间存在着区别，具体表现在以下几点：

（1）字符数组由元素组成，每个元素中存放一个字符，而字符指针变量中存放的是地址，即字符串的首地址。

（2）赋值方式不同，对字符数组，只能对各个元素赋值；而对字符指针，可以对整个字符串赋值。

例如，下面的赋值方式是合法的：

```
char str[10]="Warcraft III";
char *str="Warcraft III";
char *str;
str="Warcraft III";
```

当对字符指针变量*str 赋值时，赋给 str 的不是字符串，而是该字符串的首地址。

下面的赋值方式是不合法的：

```
char str[15];
str="Warcraft III";
```

（3）当字符数组定义后，系统编译时在内存中为它分配确定的单元；当字符指针变量定义后，系统给字符指针变量分配了内存单元，其中可以存放一个字符变量的地址，如果未对它赋予一个地址值，则它并未指向一个确定的字符数据。

例如，下面两种输入字符串的方法都是正确的：

```
char str[10];
scanf("%s",str);
char *str;
scanf("%s",str);
```

一般不提倡使用第二种方法，因为系统在编译时，虽然给指针变量 str 分配了内存空间，但是 str 的值没有指定，当执行 scanf 函数时，要求将一个字符串的值输入到 str 所指向的内存单元中，然而 str 是不可预料的，可能是内存中的空白区域，也可能是已存放指令的有用区域，这样可能破坏程序，甚至危及系统，造成严重的后果。

（4）字符指针变量的值可以随时改变。若定义了一个指针变量，并使它指向一个字符串，就可以用下标法引用该字符串中的所有字符。

（5）使用字符指针变量指向一个格式字符串，可以用它代替 printf 函数中的格式字符串。

例如：

```
char *str;
str="Sum=%d+%d\n";
printf("str,x,y");
```

相当于

```
printf("Sun=%d+%d\n,x,y");
```

例 10.16　输入一段文字，统计其中英文字母的个数。

程序

```
#include<stdio.h>
int function(char *s)
{ int i,j;
 j=0;
 for(i=0;*(s+i)!='\0';i++)
     if(*(s+i)>='a'&&*(s+i)<='z'||*(s+i)>='A'&&*(s+i)<='Z')
```

```
        j++;
    return(j);
  }
main()
{ char str[20];
  printf("Input a string:");
  gets(str);
  printf("The total of letters is %d.\n",function(str));
}
```

输入

Input a string:Warcraft III↙

输出

```
The total of letters is 11.
```

第五节　指针数组与指向指针的指针

数组中每个元素都具有相同的数据类型，数组元素的类型就是数组的基本类型。如果某个数组中各个元素都是指针类型，则这种数组称为指针数组，它是指针的集合。

一、指针数组的概念

若一个数组中各个元素均为指针类型数据，则该数组称为指针数组。在 C 语言中，一维指针数组的定义格式如下：

类型名 *数组名[数组长度];

例如：int *p[5];

由于[]的优先级高于*，因而 p 先与[5]结合，形成数组形式 p[5]，然后再与*结合，表示它是一个指针类型的数组。

指针数组主要应用于多个字符串的处理上。例如，要对多本书籍进行查询和排序处理，有两种方式可以实现：一是定义一个二维数组，用于存储每本书的名称，但是二维数组在定义时，必须指出该数组的列数，由于每本书的书名长度不一，不能确定，因而此方法不可取；二是首先定义一些字符串用于存放书名，然后用指针数组中的元素分别指向每个字符串，这样各字符串的长度可以不同，而且利于对这些书籍的各种操作。

例 10.17　要求：（1）将若干个字符串按英文字母从大到小的顺序输出；（2）求出其中最小的字符串。

程序

```
#include<stdio.h>
#include<string.h>
```

```
void sort(char *name[],int n)
{ char *p;
 int i,j,k;
 for(i=0;i<n-1;i++)
 {
   k=i;
   for(j=i+1;j<n;j++)
       if(strcmp(name[k],name[j])<0)
          k=j;
   if(i!=k)
   {
     p=name[i];
     name[i]=name[k];
     name[k]=p;
   }
 }
 printf("The string from big to small:\n");
 for(i=0;i<n;i++)
     printf("%s\n",name[i]);
}
void min(char *name[],int n)
{ char *p;
 int i;
 p=name[0];
 for(i=1;i<n-1;i++)
 {
   if(strcmp(name[i],name[i+1])<0)
     p=name[i];
   else
     p=name[i+1];
 }
 printf("The smallest string:");
 printf("%s\n",p);
}
main()
{ char *name[]={"Football","Swimming","Basketball","Computer","Running"};
 int n=5;
 sort(name,n);
 min(name,n);
```

```
}
```

输出

```
The string from big to small:
Swimming
Running
Football
Computer
Basketball
The smallest string:Basketball
```

注意　区分 int *p[n]和(*p)[n]：前者表示一个指针数组，该数组中所有元素均为指针类型的变量；后者表示一个指向一维数组的指针变量。

二、指针数组作 main()函数的形参

指针数组的一个重要应用就是作为 main()函数的参数，前面介绍的 main()函数圆括号中都是空的，表示 main()函数没有参数，但是实际上 main()函数可以带参数，其一般格式如下：

```
main(int argc,char *argv[])
{
    ⋮
}
```

其中，argc 表示命令行的参数个数；*argv[]表示指向命令行参数的指针数组；argc 和*argv[]都是 main 函数的形参。

当运行程序时，可以以命令行参数的形式向 main()函数传递参数。命令行参数的一般形式如下：

文件名　参数 1　参数 2　…　参数 n

其中，文件名是 main()函数所在的文件名；文件名和各参数之间用空格分隔。

例如，将字符串“Computer”，“Music”，“Physics”传送到磁盘 E 的 file 文件下的 main 函数中，可以写成以下形式：

E:\\file Computer Music Physics

例 10.18　带参数的 main()函数实例。

程序

```
#include<stdio.h>
main(int argc,char *argv[])
{ int i;
 for(i=0;i<argc;i++)
      printf("%s\n",*argv++);
 getchar();
}
```

输出

```
F:\Program\Debug\program.exe
```

注意 在 C 语言中，main()函数中的形参可以是任意的名称，不一定是 argc 和 argv，人们习惯命名为 argc 和 argv。

三、指向指针的指针

在例 10.17 中，name 是一个指针数组，它的每个元素是一个指针变量，name 表示该指针数组的首地址，name+i 表示元素 name[i]的地址，即指向指针型数据的指针，如果再设一个指向指针数组 name 元素的指针变量 p，那么 p 就是一个指向指针数据的指针变量。在 C 语言中，指向指针的指针的定义格式如下：

类型标识符 **指针变量名;

其中，类型标识符表示指针型指针变量所指变量的类型。给指针型指针初始化的方式是用指针的地址为其赋值。

例如：

```
int x;                      /*定义了一个整型变量 x*/
int *p;                     /*定义了一个指向整型数据的指针变量 p*/
int **q;                    /*定义了一个指向整型数据的二重指针变量 q*/
```

如果

```
p=&x;                       /*指针 p 指向整型变量 x*/
q=&p;                       /*指向指针的指针 q 指向指针 p*/
```

那么

```
*p=x;
*q=p;
**q=*(*q)=*p=x;
```

综上所述，在 C 语言中，对于变量可以通过变量名对其进行直接访问；也可以通过变量指针对其进行间接访问（即通过一级指针对其进行访问）；还可以通过指向指针的指针对其进行多级间接访问。

例 10.19 使用指向指针的指针改写例 10.17（1）。

程序

```
#include<stdio.h>
main()
{ char *q,*name[]={"Football","Swimming","Basketball","Computer","Running"},**p;
 int i,j,k;
 for(i=0;i<4;i++)
 {
   k=i;
   for(j=i+1;j<5;j++)
      if(strcmp(name[k],name[j])<0)
         k=j;
```

```
    if(i!=k)
    {
        q=name[i];
        name[i]=name[k];
        name[k]=q;
    }
  }
  for(i=0;i<5;i++)
  {
    p=name+i;
    printf("%s\n",*p);
  }
}
```

输出

```
Swimming
Running
Football
Computer
Basketball
```

分析

程序中首先定义了一个指向指针的指针 p，然后利用选择法将这 5 个字符串按字母顺序排列，最后利用该指针变量输出排序结果。排序后指向指针的指针 p 和指针数组 name 以及这 5 个字符串的关系图如图 10.5.1 所示。

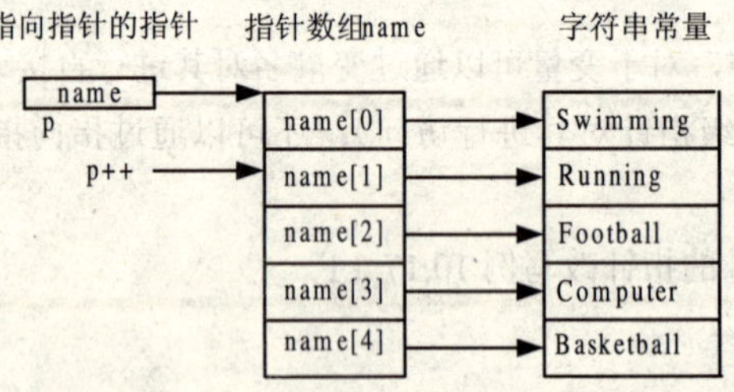

图 10.5.1　指向指针的指针 p 和指针数组 name 以及各字符串的关系图

注意　指向指针的指针是二级指针，属于间接寻址的范畴。间接寻址的级数不受限制，但实际应用中极少使用二级以上的指针，因为过深的间接寻址不但难以理解，而且容易出错。

到目前为止，已经介绍了多种指针类型的数据，为使读者对指针数据类型有个全面的了解，现将 C 语言中一些常见的指针类型进行归纳定义，如表 10.1 所示。

表 10.1　指针数据类型的定义及含义

定 义	含 义
int i;	定义了一个整型变量 i
int a[n];	定义了一个整型数组变量 a，其中含有 n 个元素
int *p;	定义了一个指向整型数据的指针变量 p
int *p[n];	定义了一个数组指针变量 p，该数组中的 n 个元素都是指向整型数据的指针

续表

定　义	含　义
int (*p)[n];	定义了一个指向一维数组的指针变量 p，该数组中含有 n 个元素
int function();	定义了一个返回整型数据的函数
int *p();	定义了一个指向返回整型数据的函数
int (*p)();	定义了一个指向函数的指针
int **p;	定义了一个指向指针的指针变量，其中该指针变量是一个指向整型变量的指针变量

第六节　程序举例

例 10.20　编程模拟洗牌和发牌过程。

算法

一副扑克牌有 52 张，分为 4 种花色（Suit）：黑桃、红桃、草花、方块。每种花色有 13 张牌面（face）：A，2，3，…，Jack，Queen，King。可以看出每张牌由两个因素组成，即花色和牌面；利用 for 循环结构循环排列 52 张牌，每次循环，都使用 srand()函数产生随机数，然后将产生的新扑克输出。

程序

```
#include<stdio.h>
#include<stdlib.h>
#include<time.h>
#include<string.h>
struct CARD
{
      int suit;
      char face[10];
};
main()
{ int SUIT[]={3,4,5,6};
  char *FACE[]={"A","2","3","4","5","6","7","8","9","10","Jack","Queen","King"};
  int i,j;
  struct CARD card[52],t;
  for(i=0;i<52;i++)
  {
    card[i].suit=SUIT[i%4];
    strcpy(card[i].face,FACE[i%13]);
  }
  srand(time(NULL));
  for(i=0;i<52;i++)
  {
```

```
        j=rand()%52;
        t=card[i];
        card[i]=card[j];
        card[j]=t;
    }
    printf("The new card is");
    for(i=0;i<52;i++)
    {
        if(i%8==0)
            printf("\n");
        printf("%c%s\t",card[i].suit,card[i].face);
    }
    printf("\n");
}
```

输出

```
The new card is
♠King   ♥A      ♣King   ♦Queen  ♥3      ♥6      ♣A      ♥10
♠Jack   ♣5      ♥2      ♠7      ♠4      ♦10     ♦7      ♣9
♣7      ♠Queen  ♠8      ♥Queen  ♦5      ♥7      ♥4      ♣6
♦8      ♠2      ♠9      ♣Queen  ♥5      ♣8      ♠3      ♦King
♦3      ♣Jack   ♠5      ♣4      ♦A      ♦6      ♣3      ♦2
♠A      ♥8      ♣2      ♦4      ♦9      ♦Jack   ♥Jack   ♥9
♠10     ♣10     ♠6      ♥King
```

分析

程序中定义了一个数组 SUIT、一个指针数组 FACE 和一个结构体 CARD（将在第十一章介绍），SUIT 用于存放扑克的 4 种花色（扑克的 4 种花色对应的 ASCII 码分别是 3，4，5，6）；FACE 用于存放扑克的 13 种面值；CARD 用于存放某张扑克的花色和面值。

例 10.21　统计一个字符串在另一个字符串中出现的次数。

程序

```
#include<stdio.h>
#include<string.h>
int function(char *str1,char *str2,int m,int n)
{ int i,j,flag,p;
  p=0;
  for(i=0;i<m-n;i++)
  {
     flag=0;
     for(j=0;j<n;j++)
        if(*(str1+(i+j))!=*(str2+j))
        {
```

```
            flag=0;
            break;
          }
        else
            flag=1;
    if(flag==1)
            p++;
  }
  return(p);
}
main()
{ char s1[80],s2[10];
  int i,m,n;
  printf("Input the string1:");
  gets(s1);
  printf("Input the string2:");
  gets(s2);
  m=strlen(s1);
  n=strlen(s2);
  printf("The times=%d\n",function(s1,s2,m,n));
}
```

输入

Input the string1:make a better place for you and for me. ↙

Input the string2:for

输出

The times=2

分析

本程序中函数的功能是统计字符数组 s2 在字符数组 s1 中出现的次数。在子函数 function 中，从 str1 第一个字符开始判断是否等于 str2 的第一个字符，并且 str1 所指向的下一个字符是否等于 str2 的第二个字符，如果都等于才能累加，然后将 str1 指针移到下一个字符继续判断，直到 str1 结束为止。

本章小结

指针在 C 语言程序中起着至关重要的作用。本章以指针为核心，首先介绍了指针的基本概念、指针的引用和指针变量的初始化；然后依次介绍了数组与指针、函数与指针、字符串与指针等各种操作；最后简单介绍了指针数组与指向指针的指针的概念和相关应用。

习 题 十

一、填空题

1. 如果定义 p=&a[i]，则 p++表示 __________；*p++表示 __________。

2. 若 int x,*p,**q;，且 p=&x;q=&p;，那么*p=_________;*q=_________;**q=_________;。

二、选择题

1. 已知：int *p,a;，则语句“p=&a;”中运算符“&”的含义是（ ）。

   A．位与运算　　B．逻辑与运算

   C．取指针内容　　D．取变量地址

2. 关于 main(argc,argv)中形参 argv 的描述正确的是（ ）。

   A．char *argv[]　　B．char argv[][]

   C．char argv[]　　D．*argv

三、上机操作题

1. 使用字符指针，编写程序实现 strcmp 函数和 strlen 函数的功能。

2. 编程实现以下功能：输入一个字符串，分别统计该字符串中大小写字母的个数。

第十一章　结构体、共用体和链表

教学目标

结构体和链表是 C 语言中一种重要的数据类型，使用它们可以优化程序设计界面，使程序结构简单明了，增强程序的可读性，而且少量的改动能够满足不同的要求，适应性强，占用内存空间少等。本章将介绍结构体、共用体和链表的相关应用。

教学难点与重点

（1）结构体类型变量的定义、引用及初始化。

（2）结构体数组的定义、初始化及应用。

（3）指向结构体的指针操作。

（4）结构体指针与函数的关系。

（5）共用体的概念、特点及应用。

（6）链表的概念、创建、删除及插入。

第一节　结 构 体

结构体与数组类似，也是一种复杂的数据类型。它们的不同之处在于数组中每个元素的数据类型是相同的，而结构体中每个元素的数据类型可以不同，它是根据用户需求自己定义的。例如，在通讯录中，需要记录一个人的姓名（字符型数据）、年龄（整型数据）、性别（字符型数据）等信息，这些数据需要用不同的数据类型来定义。

例如：

```
struct student
{ char name[10];
 int age;
 char sex;
};
```

一、结构体类型变量的定义

结构体的定义只是创建了一种新的数据类型，这种数据类型与整型、字符型等类似。C 语言中定义结构体类型的一般格式如下：

```
struct  结构体名
{
```

```
        数据类型 1 成员名 1;
        数据类型 2 成员名 2;
              ⋮
        数据类型 n 成员名 n;
    };
```

其中，struct 是定义结构体类型的关键字；结构体名是一种标识符，其定义规则和变量的命名规则相同；结构体中各个成员可以是一般数据类型（如整型、字符型、实型等），也可以是复杂数据类型（如数组、结构体等）。

注意 struct 是声明结构体类型时必须使用的关键字，不能省略；每定义一个变量，其后跟一个分号，不能忽略大括号外的分号。

为了能使用结构体类型数据，应当定义结构体类型变量，并在其中存放具体的数据。C 语言中规定了 3 种定义结构体变量的方法。

（1）先声明结构体类型，再定义结构体变量名。

如前面定义的结构体类型 struct student，可以用它来定义变量。例如：

```
struct student student1,student[10];
```

定义了一个结构体变量 student1 和一个结构体数组变量 stu[10]。

结构体所占用的内存单元数量不仅与所定义的结构体类型有关，还与计算机本身的结构有关，如结构体类型 struct student 在内存中占用的字节数为 13（10+2+1=13）。

（2）在声明结构体类型的同时定义变量。

例如：

```
struct student
{ char name[10];
  int age;
  char sex;
}student1， student[10];
```

这种方法的作用与第一种方法相同，只是在声明结构体的同时定义了一个结构体类型变量 student1 和一个结构体数组变量 student[10]。

（3）直接定义结构体变量。

不定义结构体名，声明的同时定义结构体变量。

例如：

```
struct
{ char name[10];
  int age;
  char sex;
}student1， student[10];
```

这种定义结构体变量的方法是在定义结构体时，不定义结构体名称，直接声明结构体变量。

注意 对于结构体类型，应注意以下几点：

（1）定义结构体变量的方法不是唯一的，可以根据实际应用的需要而设计。

（2）对于结构体变量的引用和结构体成员的引用应加以区别。

（3）结构体可以嵌套使用，即结构体的成员是一个结构体变量。

（4）结构体成员名与程序中变量名代表不同的对象，二者可以相同。

二、结构体类型变量的引用

当定义了一个结构体变量后，就可以引用该结构体变量和该结构体的成员变量。在 C 语言中，只能对结构体变量中的成员进行输入输出操作，不能将结构体变量作为一个整体输入输出。

例如，下面的操作是不合法的：

```
int i;
scanf("%s,%d,%c",student1);
for(i=0;i<10;i++)
    printf("%s,%d,%c\n",student[i]);
```

C 语言中规定了两种访问结构体成员的方法，即利用成员运算符（“.”）和指向运算符（“->”）来进行。

1．成员运算符“.”

成员运算符在 C 语言中是所有运算符中优先级最高的，对于结构体变量，要通过成员运算符“.”逐个访问其成员，其一般格式如下：

结构体变量.成员

例如，输出结构体变量 student1 中的成员 name：

```
printf("%s\n",student1.name);
```

2．指向运算符“->”

使用指针不但可以访问普通变量和数组，而且可以访问结构体变量。指针访问结构体变量的一般格式如下：

结构体变量->成员

例如：

```
struct student *stu,student1;
stu=&student1;
printf("%s\n",stu->name);
```

三、结构体类型变量的初始化

在 C 语言中，对结构体变量的初始化有以下两种方法：

（1）在定义时，对结构体变量进行初始化。其一般格式如下：

结构体类型 结构体变量名={成员 1,成员 2,…,成员 n};

其中，结构体类型有多少个成员，就可以在{}中给多少个成员赋初值，各初值之间用“,”隔开。

例 11.1　结构体变量初始化实例 1。

程序

```
#include<stdio.h>
main()
{ struct student
   {
    long int num;
    char name[10];
    int age;
    char sex[5];
    char addr[20];
   }stu={1001,"Alei",23,"Man","Xi'an"};
  printf("The information is\n");
  printf("%ld-%s-%d-%s-%s\n",stu.num,stu.name,stu.age,stu.sex,stu.addr);
}
```

输出

```
The information is
1001-Alei-23-Man-Xi'an
```

（2）在 C 语言中，可以使用标准输入库函数 scanf，getchar 和 gets 在循环语句循环体中对结构体成员进行初始化。

例 11.2　结构体变量初始化实例 2。

程序

```
#include<stdio.h>
main()
{ struct student
  { long int num;
    char name[10];
    int age;
    char sex[5];
    char addr[20];
  }stu;
  printf("No.=");
  scanf("%ld",&stu.num);
  printf("Name=");
  scanf("%s",stu.name);
  printf("Age=");
  scanf("%d",&stu.age);
```

```
printf("Sex=");
scanf("%s",stu.sex);
printf("Addr=");
scanf("%s",stu.addr);
printf("The information is\n");
printf("%d-%s-%d-%s-%s\n",stu.num,stu.name,stu.age,stu.sex,stu.addr);
}
```

输入

No.=1001↙

Name=Alei↙

Age=23↙

Sex=Man↙

Addr=Xi'an↙

输出

```
The information is
1001-Alei-23-M-Xi'an
```

第二节　结构体数组

一个学生的信息可以存放在一个结构体变量中，如果 n 个学生的信息要参于运算，这就需要结构体数组。结构体数组与数组的区别在于结构体数组的每个元素都是结构体类型的数据，都包含成员项。

一、结构体数组的定义

在定义结构体数组时，与基本数据类型的定义方法相同。

例如：

```
struct student
{ long int num;
  char name[10];
  int age;
  char sex[5];
  char addr[20];
}stu[10];
```

或者

```
struct student
{ long int num;
  …
};
```

```
struct student stu[10];
```

或者

```
struct
{ long int num;
   …
}stu[10];
```

以上程序定义了一个数组 stu，该数组包含 10 个元素，每个元素都是 struct student 类型数据，该数组占用的内存空间是 10×sizeof(struct student)个字节，该数组的内存分布图如图 11.2.1 所示。

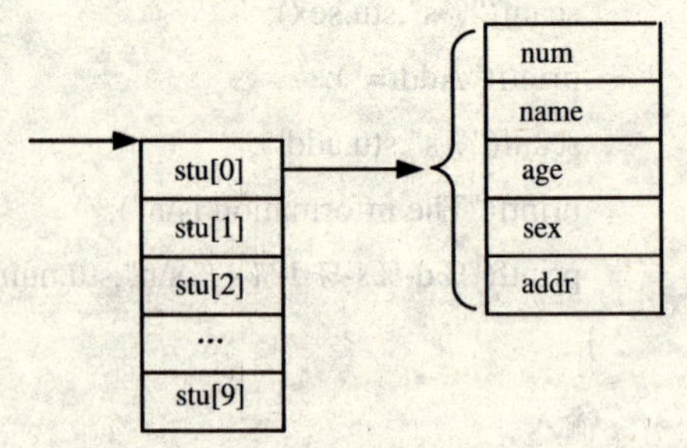

图 11.2.1　结构体数组的内存分布图

二、结构体数组的初始化

与结构体变量初始化一样，结构体数组的初始化也可以通过两种方法来实现。

（1）在定义时，对结构体变量进行初始化。

例 11.3　结构体数组的初始化实例 1。

程序

```
#include<stdio.h>
main()
{ int i;
 struct student
  { long int num;
    char name[10];
    int age;
    char sex[5];
    char addr[20];
  }stu[2]={{1001,"Alei",23,"M","Xi'an"},
           {1002,"Amei",23,"F","Xi'an"}};
  printf("The information is\n");
  for(i=0;i<2;i++)
       printf("%ld-%s-%d-%s-%s\n",stu[i].num,stu[i].name,stu[i].age,stu[i].sex,stu[i].addr);
}
```

输出

```
The information is
1001-Alei-23-M-Xi'an
1002-Amei-23-F-Xi'an
```

（2）使用标准输入库函数 scanf，getchar 和 gets 在循环语句循环体中对结构体成员进行初始化。

例 11.4　结构体数组的初始化实例 2。

程序

```
#include<stdio.h>
main()
{ int i;
 struct student
 { long int num;
  char name[10];
  int age;
  char sex[5];
  char addr[20];
 }stu[2];
 for(i=0;i<2;i++)
 {
  printf("No.=");
  scanf("%ld",&stu[i].num);
  printf("Name=");
  scanf("%s",stu[i].name);
  printf("Age=");
  scanf("%d",&stu[i].age);
  printf("Sex=");
  scanf("%s",stu[i].sex);
  printf("Addr=");
  scanf("%s",stu[i].addr);
 }
 printf("The information is\n");
 for(i=0;i<2;i++)
     printf("%ld-%s-%d-%s-%s\n",stu[i].num,stu[i].name,stu[i].age,stu[i].sex,stu[i].addr);
}
```

输入

```
No.=1001↙
Name=Alei↙
Age=23↙
Sex=M↙
Addr=Xi'an↙
No.=1002↙
Name=Amei↙
Age=23↙
```

Sex=F↙

Addr=Xi'an↙

输出

```
The information is
1001-Alei-23-M-Xi'an
1002-Amei-23-F-Xi'an
```

三、结构体数组的应用

例 11.5　中国有句俗语“三天打鱼两天晒网”，某人从 2000 年 1 月 1 日起开始“三天打鱼两天晒网”，请问这个人在以后的某天是打鱼，还是晒网？

算法

为了判断这个人在某天是打鱼，还是晒网，首先计算出从 2000 年 1 月 1 日到被指定的日期之间有多少天，用总天数除以 5 后取余数，就可以从余数中判断他在指定的日期是打鱼，还是晒网。

程序

```
#include<stdio.h>
#define PR printf
struct date
{ int year;
  int month;
  int day;
};
int days(struct date day)
{
  /*初始化平年和闰年每月的天数*/
   int year[2][12]={{31,28,31,30,31,30,31,31,30,31,30,31},
                    {31,29,31,30,31,30,31,31,30,31,30,31}};
  int i,leap;
  /*该逻辑表达式成立时其值为 1，否则为 0*/
  leap=day.year%4==0&&day.year%100!=0||day.year%400==0;
  for(i=0;i<12;i++)
    day.day=day.day+year[leap][i];
  return(day.day);
  }
 main()
 { struct date today,term;
  int yeardays=0,day;
  /*输入需要查询的年月日*/
  PR("Input a year month day(after 2000-1-1):\n");
```

```
PR("year:");
scanf("%d",&today.year);
PR("month:");
scanf("%d",&today.month);
PR("day:");
scanf("%d",&today.day);
/*计算指定日期与 2000.1.1 之间的天数*/
term.month=12;
term.day=31;
for(term.year=2000;term.year<today.year;term.year++)
        yeardays=yeardays+days(term);
yeardays=yeardays+days(today);
/*求总天数除以 5 的余数*/
day=yeardays%5+1;
if(day>=1&&day<=3)
   PR("He is fishing!\n");
else
  PR("He is sunning!\n");
}
```

输入

```
Input a year month day(after 2000-1-1):
year:2005↙
month:8↙
day:15↙
```

输出

```
He is fishing!
```

分析

当 main()函数调用函数 days()时，其参数 day 是 date 型结构体变量，与之对应的 days()函数的形参 day 也是一个 date 型的结构体变量。在调用 days()函数时，将参数变量 term 中的成员传递给形参变量 day 对应的成员。由于本程序中函数间传递是值传递，因此修改 days()函数中 day.day 的值不会影响 main()函数中 term.day 的值。

第三节　指向结构体的指针

指针是 C 语言中的一个重要概念，它指向内存中的一个地址。当结构体数组定义后，系统将为指针在内存中申请一段对应的内存空间。指向结构体的指针既可以对结构体数组元素进行操作，也可以对结构体数组元素的成员进行操作。

在 C 语言中，结构体成员的输出可以写成 p->name，也可以写成(*p).name，都表示 p 所指向的结构体中的 name 成员。

例 11.6　计算学生各科的平均成绩。

程序

```
#include<stdio.h>
struct student
{ int studentid;
  char studentname[10];
  char studentsex[5];
  int scoreComputer;
  int scoreEnglish;
  int scoreMaths;
  int scoreMusic;
 };
main()
{struct student *p,stu[80];
  float sum[4]={0.00};
  int n;
  clrscr();
  printf("Input the total of students:");
  scanf("%d",&n);
  printf("Input the student information:\n");
  for(p=stu;p<stu+n;p++)
   {
    printf("No.=");
    scanf("%d",&p->studentid);
    printf("Name=");
    scanf("%s",p->studentname);
    printf("Sex=");
    scanf("%s",p->studentsex);
    printf("Computer=");
    scanf("%d",&p->scoreComputer);
    printf("English=");
    scanf("%d",&p->scoreEnglish);
    printf("Maths=");
    scanf("%d",&p->scoreMaths);
    printf("Music=");
    scanf("%d",&p->scoreMusic);
    }
```

```
    printf("The information of students are\n");
    printf("No.\tName\tSex\tComputer\tEnglish\tMaths\tMusic\n");
    for(p=stu;p<stu+n;p++)
    {
     printf("%d\t",p->studentid);
     printf("%s\t",p->studentname);
     printf("%s\t",p->studentsex);
     printf("%d\t\t",p->scoreComputer);
     printf("%d\t",p->scoreEnglish);
     printf("%d\t",p->scoreMaths);
     printf("%d\n",p->scoreMusic);
     sum[0]=sum[0]+p->scoreComputer;
     sum[1]=sum[1]+p->scoreEnglish;
     sum[2]=sum[2]+p->scoreMaths;
     sum[3]=sum[3]+p->scoreMusic;
    }
   printf("--------------------------------------------------------------------------\n");
   printf("Sum\t\t\t%.2f\t\t%.2f\t%.2f\t%.2f\n",sum[0],sum[1],sum[2],sum[3]);
   printf("Average\t\t\t%.2f\t\t%.2f\t%.2f\t%.2f\n",sum[0]/n,sum[1]/n,sum[2]/n,sum[3]/n);
}
```

输入

```
Input the total of students:2↙
Input the student information:
No.=1001↙
Name=Alei↙
Sex=M↙
Computer=89↙
English=90↙
Maths=88↙
Music=91↙
No.=1002↙
Name=Amei↙
Sex=F↙
Computer=91↙
English=92↙
Maths=89↙
Music=95↙
```

输出

```
The information of students are
No.     Name    Sex     Computer        English Maths   Music
1001    Alei    M       89              90      88      91
1002    Amei    F       91              92      89      95
---------------------------------------------------------------
Sum                     180.00          182.00  177.00  186.00
Average                 90.00           91.00   88.50   93.00
```

分析

本程序在 for 循环中，先将 p 指向 struct student 结构体类型数组 stu[80]的第一个元素 stu[0]的首地址，然后分别将 stu[0]添加到各科成绩总和中。因为 p 是一个指针，所以用指针运算符引用结构体变量中的成员。当第一次循环结束后，指针 p 指向下一个结构体数组元素 stu[1]的首地址，依次类推，当第 n 次循环后，指针（p+(n-1)）指向最后一个结构体数组元素 stu[n-1]，至此循环结束。

注意　对指向结构体的指针，应注意以下两点：

（1）若 p 的初值是 stu，即 p 指向 stu 第一个元素，则 p+1 指向下一个元素的起始位置。

（2）若 p 是一个结构体数组指针，则 p 表示一个 struct student 型的指针，而不是 stu 数组元素中的某个成员。

第四节　结构体指针与函数

在 C 语言中，将结构体传递给函数的方式有 3 种，即传递单个结构体成员、传递整个结构体和传递指向结构体的指针。

（1）结构体成员作函数参数。因为结构体成员是一个确定的数据类型，所以结构体成员作为函数参数是单值传递，应注意实参与形参的类型要保持一致。

例 11.7　结构体成员作函数参数实例。

程序

```
#include<stdio.h>
struct student
{ long int num;
  int score1;
  int score2;
  int score3;
}stu[50];
int function(int x,int y,int z)
{int w;
  w=x+y+z;
  return(w);
 }
main()
{ int i,n;
```

```
    printf("Input the total of students:\n");
    printf("n=");
    scanf("%d",&n);
    for(i=0;i<n;i++)
    {
     printf("No.=");
     scanf("%ld",&stu[i].num);
     printf("Score1=");
     scanf("%d",&stu[i].score1);
     printf("Score2=");
     scanf("%d",&stu[i].score2);
     printf("Score3=");
     scanf("%d",&stu[i].score3);
    }
   printf("No.\tSum\n");
   for(i=0;i<n;i++)
     printf("%ld\t%d\n",stu[i].num,function(stu[i].score1,stu[i].score2,stu[i].score3));
  }
```

输入

```
Input the total of students:
n=2↙
No.=1001↙
Score1=96↙
Score2=94↙
Score3=90↙
No.=1002↙
Score1=89↙
Score2=92↙
Score3=93↙
```

输出

```
No.      Sum
1001     280
1002     274
```

（2）结构体作函数的参数。这种传递要求实参与形参是同一种数据类型，它采用的是整体传递，即将结构体变量所占内存单元的内容全部顺序传递给形参，且形参必须是同类型的结构体变量，当函数调用时，形参要占用内存空间。这种传递在时间与空间上都较麻烦，一般很少应用。

例 11.8　结构体作函数的参数实例。

程序

```
#include<stdio.h>
struct student
{ long int num;
  int score1;
  int score2;
  int score3;
};
struct student stu[50];
int function(struct student stu)
{ int w;
  w=stu.score1+stu.score2+stu.score3;
  return(w);
}
main()
{ int i,n;
  printf("Input the total of students:\nn=");
  scanf("%d",&n);
  for(i=0;i<n;i++)
  {
    printf("No.=");
    scanf("%ld",&stu[i].num);
    printf("Score1=");
    scanf("%d",&stu[i].score1);
    printf("Score2=");
    scanf("%d",&stu[i].score2);
    printf("Score3=");
    scanf("%d",&stu[i].score3);
  }
  printf("No.\tSum\n");
  for(i=0;i<n;i++)
      printf("%ld\t%d\n",stu[i].num,function(stu[i]));
}
```

输入

```
Input the total of students:
n=2↙
No.=2001↙
Score1=98↙
Score2=89↙
```

Score3=94↙

No.=2002↙

Score1=88↙

Score2=89↙

Score3=99↙

输出

```
No.             Sum
2001            281
2002            276
```

（3）指向结构体的指针作函数的参数。这种调用方式比前两种更有效，在调用过程中将结构体变量的地址传给形参。

例 11.9　指向结构体的指针作函数的参数实例。

程序

```
#include<stdio.h>
struct student
{ long int num;
 int score1;
 int score2;
 int score3;
};
struct student *p,stu[50];
int function(struct student *p)
{ int w;
 w=p->score1+p->score2+p->score3;
 return(w);
}
main()
{ int n;
 printf("Input the total of students:\n");
 printf("n=");
 scanf("%d",&n);
 for(p=stu;p<stu+n;p++)
 {
  printf("No.=");
  scanf("%ld",&p->num);
  printf("Score1=");
  scanf("%d",&p->score1);
  printf("Score2=");
```

```
    scanf("%d",&p->score2);
    printf("Score3=");
    scanf("%d",&p->score3);
  }
  printf("No.\tSum\n");
  for(p=stu;p<stu+n;p++)
       printf("%ld\t%d\n",p->num,function(p));
}
```

输入

```
Input the total of students:
n=2↙
No.=3001↙
Score1=95↙
Score2=96↙
Score3=92↙
No.=3002↙
Score1=89↙
Score2=98↙
Score3=99↙
```

输出

```
No.      Sum
3001     283
3002     286
```

第五节　共 用 体

共用体是指将几个不同类型的变量存储在同一个地址内存单元中的一种结构类型，几个变量存储的字节数不同，可以相互覆盖，但不能同时存储在共用的一段存储空间中。

一、共用体概述

共用体变量的定义分为两步，即先定义共用体类型，再定义共用体变量。其一般格式如下：

```
union 共用体名
{
       <类型标识符 1> <成员名 1>;
       <类型标识符 2> <成员名 2>;
                  ⋮
       <类型标识符 n> <成员名 n>;
```

```
};
```

共用体变量的定义格式如下：

union <共用体名> <共用体变量名>;

例如，定义一个 union date 类型，再将 a，b，c 定义为 union date 类型。

```
union date
{ int num;
  char ch;
  float f;
};
union date a,b,c;
```

也可以在定义结构体类型时，直接定义共用体变量。

例如：

```
union date
{ int num;
  char ch;
  float f;
}a,b,c;
```

注意 结构体与共用体的区别：结构体变量的每个成员都有固定的存储单元，因而结构体变量占内存中的总字节数等于所有成员所占字节数的总和；共用体中所有成员共用一段存储区域，共用体变量占内存中的总字节数是共用体中最长成员所占的字节数。

二、共用体的特点

共用体在 C 程序中的作用不容忽视，其特点如下：

（1）同一段内存可以存放多种不同类型的成员，但是每一瞬间只有一个共用体成员起作用。

（2）不能给共用体变量名赋值或引用变量名获取某一个值，也不能在定义共用体变量时对其初始化。

（3）共用体中起作用的成员是最后一次存储的成员，即当存入新成员后，原有成员就被覆盖。

（4）共用体与其成员地址是同一段地址。

（5）不能把共用体变量作为函数参数，函数也不能返回共用体变量，但是函数可以使用共用体变量指针。

三、共用体的应用

共用体变量的应用方式与结构体相同，要先定义后引用。

例如，给共用体变量 a 中的整型变量 num 赋值：

```
a.num=4;
```

例 11.10　共用体实例。

程序

```
#include<stdio.h>
int i;
union number
{ long n;
  int k;
  char ch;
  char str[4];
};
main()
{ union number num;
  num.n=0x12345678;
  printf("The number is\n");
  printf("num.n=%lx\n",num.n);
  printf("num.k=%x\n",num.k);
  printf("num.ch=%x\n",num.ch);
  for(i=0;i<4;i++)
      printf("num.str[%d]=%x\n",i,num.str[i]);
}
```

输出

```
The number is
num.n=12345678
num.k=12345678
num.ch=78
num.str[0]=78
num.str[1]=56
num.str[2]=34
num.str[3]=12
```

分析

在共用体变量 num 中，成员 long n，int k，char ch 和 char str[4]共享一段内存空间，变量 num 的长度为 4（由最长的成员 char str[4]决定）。成员在内存中的存储情况如图 11.5.1 所示。

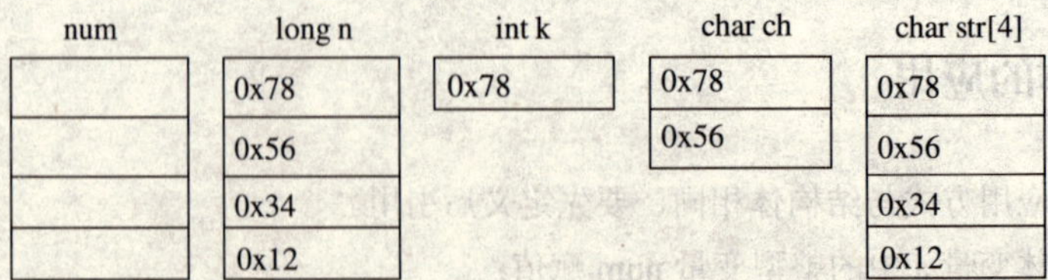

图 11.5.1　共用体 num 在内存中的存储情况

例 11.11　设有一组数据，其中记录包括学生和教师信息。学生信息包括学号、姓名、性别、班级，教师信息包括编号、姓名、性别、职务。现要求把这些信息存放在同一个表格中。

程序

```
#include<stdio.h>
struct information
{ char num[5];
 char name[10];
 char sex[5];
 char job;
 union
 {
  int grade;
  char position[10];
 }per;
};
main()
{ int n,i;
 struct information person[80];
 printf("Input the number of students:");
 scanf("%d",&n);
 for(i=0;i<n;i++)
 {
  printf("No.=");
  scanf("%s",person[i].num);
  printf("Name=");
  scanf("%s",person[i].name);
  printf("Sex=");
  scanf("%s",person[i].sex);
  loop:
  printf("Job=");
  getchar();
  scanf("%c",&person[i].job);
  if(person[i].job=='s'||person[i].job=='S')
  {
    printf("Class=");
    scanf("%d",&person[i].per.grade);
  }
  else if(person[i].job=='t'||person[i].job=='T')
  {
    printf("Position=");
    scanf("%s",person[i].per.position);
```

```
    }
    else
      {
        printf("Input error,input again!\n");
        goto loop;
      }
    }
  printf("No.\tName\tSex\tJob\tGrade\\Position\n");
  for(i=0;i<n;i++)
  {
    if(person[i].job=='s'||person[i].job=='S')
    {
      printf("%s\t",person[i].num);
      printf("%s\t",person[i].name);
      printf("%s\t",person[i].sex);
      printf("%c\t",person[i].job);
      printf("%d\n",person[i].per.grade);
     }
    else
    {
      printf("%s\t",person[i].num);
      printf("%s\t",person[i].name);
      printf("%s\t",person[i].sex);
      printf("%c\t",person[i].job);
      printf("%s\n",person[i].per.position);
    }
  }
}
```

输入

```
Input the number of students:3↙
No.=1001↙
Name=Alei↙
Sex=M↙
Job=S↙
Class=1↙
No.=1002↙
Name=Amei↙
Sex=F↙
Job=a↙
```

Input error,input again!

Job=S↙

Class=2↙

No.=1003↙

Name=Aliang↙

Sex=M↙

Job=T↙

Position=Teacher↙

输出

```
No.     Name     Sex     Job     Grade\Position
1001    Alei     M       S       1
1002    Amei     F       S       2
1003    Aliang   M       T       Teacher
```

分析

在 main()函数之前定义了外部结构体数组 person，在结构体类型声明中包括共用体类型 per、班级号 grade（整型数据）和教师职称 position（字符串数据）。main()函数中首先输入信息总数，然后依次输入学生信息和教师信息。

第六节　链　表

链表是 C 语言中一种重要的数据结构，它与其他数据结构的区别在于系统对它的存储分配是动态的。例如，要用一个结构体数组存放某班学生的基本信息，则必须定义一个能够容纳所有学生的数组，如果事先不知道该班有多少学生，那么定义的数组就可能出现以下两种情况：

（1）学生数超过数组元素的最大限制，使程序出现错误。

（2）学生数远远小于数组元素的最大限制，将造成系统资源的浪费。

链表克服了这一缺点，它根据需求开辟系统内存空间，既不会出现存储资源的匮乏，又不会造成系统资源的浪费。

一、链表的定义

链表（Linked Table）属于数据结构的范畴，它可以把 C 语言中的一些常用元素如结构体、数组、指针等融合在一起。链表分为单向链表和双向链表。从链表中还可以引申出其他数据结构，如堆栈、队列等。本书所涉及的都是单向链表的相关操作。

链表的每一个元素称为一个结点（Node），其中包含两部分，即链表的数据域 data 和下一个结点的地址 p。链表有一个头指针变量 head，它指向存放链表的第一个结点。链表中包括 3 个概念，即链表的起始结点、链表的结束结点和链表的中间结点。链表的尾部是链表在某一时刻的最后一个结点，将该结点的指针域 p 指向空地址（NULL）。链表的长度不是固定的，可以随时添加。

一个结构体变量包含若干个成员，这些成员可以是数值类型、字符类型、数组类型，也可以是指针类型。例如：

```
struct student
{ int num;
 struct student *next;
}
```

其中，num 用来存放结点的有用数据；next 是指针类型成员，它指向 struct student 类型数据。一个指针类型的成员既可以指向其他类型的结构体数据，也可以指向该结构体类型的数据。

动态链表的创建就是从无到有，一个结点一个结点地建立起一个完整的链表。

例 11.12　创建一个单项链表，用来存储 3 名学生的学号及姓名。

程序

```
#include<stdio.h>
#include<string.h>
struct student
{ long int num;
  char name[10];
  struct student *next;
};
main()
{ struct student s1,s2,s3,*head,*p;
  s1.num=1001;
  strcpy(s1.name,"Alei");
  s2.num=1002;
  strcpy(s2.name,"Amei");
  s3.num=1003;
  strcpy(s3.name,"Aliang");
  head=&s1;
  s1.next=&s2;
  s2.next=&s3;
  s3.next=NULL;
  p=head;
  printf("The three students are\n");
  while(p!=NULL)
  {
    printf("%ld-%s\n",p->num,p->name);
    p=p->next;
  }
}
```

输出

```
The three students are
1001-Alei
1002-Amei
1003-Aliang
```

分析

本程序中，首先 head 指向 s1 结点，s1.next 指向 s2 结点，s2.next 指向 s3 结点，这样就构成了链表关系。语句“s3.next=NULL;”的作用是使 s3.next 不指向任何存储单元，当输出链表时，借助指向链表头指针结点 p，利用 p->next 指向下一个结点输出链表中的数据。

二、动态链表的创建

链表的优点在于能动态地分配内存空间，即只有在需要时才开辟存储单元。C 语言编译系统提供了以下几种库函数，用来处理动态链表的问题。

（1）malloc 函数。其一般格式如下：

void *malloc(unsigned int size);

其作用是在内存动态区域中分配一个长度为 size 的连续空间。该函数的返回值是一个指向分配域起始地址的指针，如果分配失败，则返回 NULL。

（2）calloc 函数。其一般格式如下：

void *calloc(unsigned n,unsigned size);

其作用是在内存动态区域中分配 n 个长度为 size 的连续空间。该函数的返回值是一个指向分配域起始地址的指针，如果分配失败，则返回 NULL。

（3）free 函数。其一般格式如下：

void free(void *p);

其作用是释放 p 最近一次调用 malloc 函数（或 calloc 函数）所开辟的内存区域。

例 11.13　创建一个动态链表，用来存储 3 名学生的学号及姓名。

程序

```
#include<stdio.h>
#include<stdlib.h>
struct student
{ long int num;
  char name[10];
  struct student *next;
};
main()
{ int i,n;
  struct student *p,*head,*this;
  head=NULL;
  p=(struct student *)malloc(sizeof(struct student));      /*开辟新单元 p*/
```

```
if(p==NULL)
{
 printf("Malloc error!\n");
 exit(0);
}
head=p;                                          /*将新单元赋给头指针 head*/
this=head;                                       /*将头指针赋给当前指针 this*/
printf("Input the total of students:");
scanf("%d",&n);
printf("Input the information:\n");
for(i=0;i<n;i++)
{
 printf("No.=");
 scanf("%ld",&this->num);
 printf("Name=");
 scanf("%s",this->name);
 this=this->next;                                /*将当前指针向后移一个单元*/
 this->next=NULL;
 p=(struct student *)malloc(sizeof(struct student));
 if(p==NULL)
 {
   printf("Malloc error!\n");
   exit(0);
 }
 this->next=p;                                   /*将开辟的新单元赋给当前指针*/
}
printf("The informations are\n");
this=head;                                       /*使 p 指向头指针*/
for(i=0;i<n;i++)
{
  printf("%ld-%s\n",this->num,this->name);
  this=this->next;                               /*将 p 向后移动一个单元*/
}
}
```

输入

Input the total of students:3↙

Input the information:

No.=1001↙

Name=Alei↙

No.=1002↙

Name=Amei↙

No.=1003↙

Name=Aliang↙

输出

```
The informations are
1001-Alei
1002-Amei
1003-Aliang
```

分析

程序中定义了一个指向该链表首地址的头指针 head 和一个当前操作指针 this。程序运行时首先开辟一个新单元 p，将 p 赋给头指针 head，再将头指针 head 赋给当前指针 this；然后使用循环语句依次输入 3 个学生的信息；最后将头指针 head 赋给当前指针 this，逐个输出学生信息。

三、动态链表的删除

动态链表的删除就是删除动态链表中的某个结点，即将该结点从链表中分离出来。动态链表的删除分为以下几步：

（1）找到需要删除的结点 p，并保留该结点的上一个结点 prior。

（2）取出该结点的下一个结点的指针 p->next，将此指针赋给上一个结点指针，即 p->prior->next=p->next。

（3）此时结点 p 已经脱离该链表，删除成功，释放删除的结点。动态链表结点的删除示意图如图 11.6.1 所示。

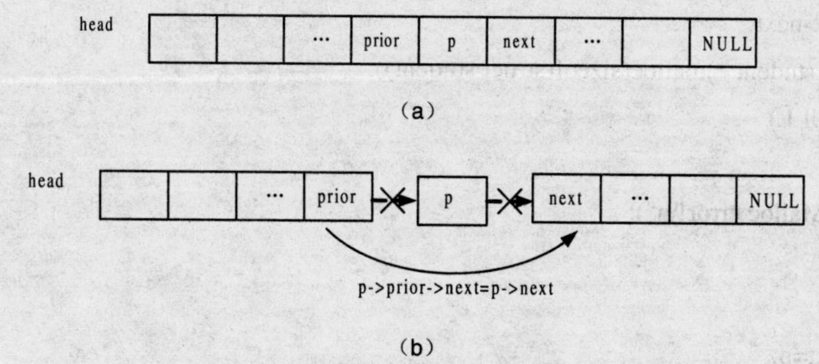

图 11.6.1　动态链表结点的删除示意图

例 11.14　从链表中删除学号为 1002 的学生信息。

程序

```
#include<stdio.h>
#include<stdlib.h>
struct student
{ long int num;
 char name[10];
 struct student *next;
```

```
};
main()
{ struct student *head,*this,*p;
  int i,k,n;
  head=NULL;
  p=(struct student *)malloc(sizeof(struct student));
  if(p==NULL)
  {
   printf("Malloc error!\n");
   exit(0);
  }
  head=p;
  this=head;
  printf("Input the total of students:");
  scanf("%d",&n);
  printf("Input the information:\n");
  for(i=0;i<n;i++)
  {
    printf("No.=");
    scanf("%ld",&this->num);
    printf("Name=");
    scanf("%s",this->name);
    this=this->next;
    p=(struct student *)malloc(sizeof(struct student));
    if(p==NULL)
   {
     printf("Malloc error!\n");
     exit(0);
   }
    this->next=p;
  }
  this->next=NULL;
  printf("The informations are\n");
  printf("No.\tName\n");
  this=head;
  while(this!=NULL)
  {
    printf("%ld\t%s\n",this->num,this->name);
```

```
    this=this->next;
  }
  printf("Choose a No. to delete:");
  scanf("%ld",&k);
  printf("After deleted,the informations are\n");
  printf("No.\tName\n");
  p=head;
  while(k!=p->num&&p->next!=NULL)
  {
    this=p;
    p=p->next;
  }
  if(k==p->num)
  {
   if(p==head)
     head=p->next;
   else
    this->next=p->next;
   free(p);
  }
  this=head;
  while(this!=NULL)
  {
    printf("%ld\t%s\n",this->num,this->name);
    this=this->next;
  }
}
```

输入

Input the total of students:3↙

Input the information:

No.=1001↙

Name=Alei↙

No.=1002↙

Name=Amei↙

No.=1003↙

Name=Aliang↙

输出

```
The informations are
No.     Name
1001    Alei
1002    Amei
1003    Aliang
```

输入

Choose a No. to delete:1002↙

输出

```
After deleted,the informations are
No.     Name
1001    Alei
1003    Aliang
```

分析

程序中，首先输入 3 条学生记录，然后输入需要删除的学生学号，最后查询该学号是否在输入的学生信息中，根据在链表中的位置选择不同的删除算法。

四、动态链表的插入

动态链表的插入就是将一个新结点插入到已经创建好的链表的适当位置。动态链表的插入分为以下几步：

（1）开辟一个内存单元，建立新结点 p。

（2）找到要插入结点的位置 pr。

（3）将新结点 p->next 指针指向原链表的结点处，即 p->next=pr->next。

（4）将新结点指针 p 指向 pr->next，即 pr->next=p，这样一个新结点就插入到链表中。动态链表结点的插入示意图如图 11.6.2 所示。

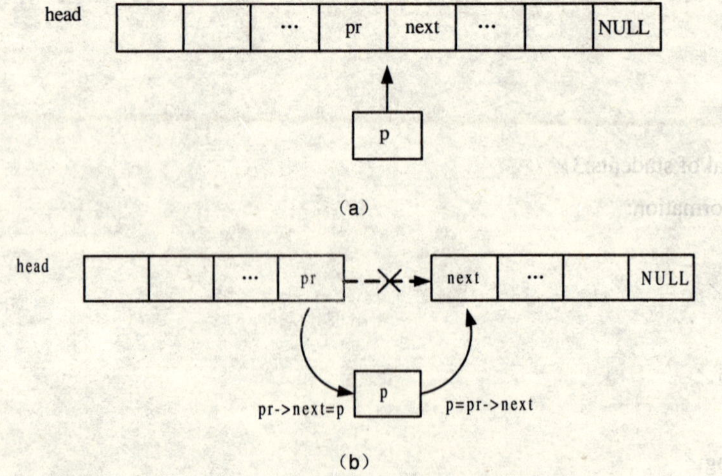

图 11.6.2　动态链表结点的插入示意图

例 11.15　在学号为 1002 的学生后面，插入学号为 1004 的学生。

程序

```
#include<stdio.h>
#include<stdlib.h>
struct student
{ long int num;
 char name[10];
 struct student *next;
};
main()
{ struct student *head,*this,*p;
 int i,k,n;
 head=NULL;
 p=(struct student *)malloc(sizeof(struct student));
 if(p==NULL)
 {
   printf("Malloc error!\n");
   exit(0);
 }
 head=p;
 this=head;
 printf("Input the total of students:");
 scanf("%d",&n);
 printf("Input the information:\n");
 for(i=0;i<n;i++)
 {
   printf("No.=");
   scanf("%ld",&this->num);
   printf("Name=");
   scanf("%s",this->name);
   this=this->next;
   p=(struct student *)malloc(sizeof(struct student));
  if(p==NULL)
  {
    printf("Malloc error!\n");
    exit(0);
  }
  this->next=p;
 }
 this->next=NULL;
```

```
    printf("The informations are\n");
    printf("No.\tName\n");
    this=head;
    while(this!=NULL)
    {
       printf("%ld\t%s\n",this->num,this->name);
       this=this->next;
    }
    printf("Insert a information:\n");
    p=(struct student *)malloc(sizeof(struct student));
    printf("No.=");
    scanf("%ld",&p->num);
    printf("Name=");
    scanf("%s",p->name);
    printf("Insert position:");
    scanf("%d",&k);
    printf("After inserted,the informations are\n");
    printf("No.\tName\n");
    while(k!=this->num&&this!=NULL)
         this=this->next;
    if(this==head)
    {
         p->next=head;
         head=p;
    }
    else if(this->next==NULL)
         this->next=p;
    else
    {
       p->next=this->next;
       this->next=p;
    }
}
```

输入

Input the total of students:3↙

Input the information:

No.=1001↙

Name=Alei↙

No.=1002↙

Name=Amei↙

No.=1003↙

Name=Aliang↙

输出

```
The informations are
No.     Name
1001    Alei
1002    Amei
1003    Aliang
```

输入

Insert a information:

No.=1004↙

Name=Mary↙

Insert position:1002↙

输出

```
After deleted,the informations are
No.     Name
1001    Alei
1002    Amei
1004    Mary
1003    Aliang
```

第七节 程序举例

例 11.16 统计学生成绩，找出其中成绩最低的学生，学生记录包括学号、姓名和成绩。

程序

```
#include<stdio.h>
struct student
{ char num[5];
  char name[10];
  int score;
}stu[80];
struct student *p,*small;
void function1(int n)
{ int i;
   for(i=0;i<n;i++)
   {
     printf("No.=");
     scanf("%s",stu[i].num);
```

```
        printf("Name=");
        scanf("%s",stu[i].name);
        printf("Score=");
        scanf("%d",&stu[i].score);
    }
}
void function2(int n)
{ int i;
  small=stu;
  p=stu;
  for(i=0;i<n;i++,p++)
  {
     if(p->score<small->score)
        small=p;
  }
  printf("The lowest score is\n");
  printf("No.\tName\tScore\n");
  printf("%s\t%s\t%d\n",small->num,small->name,small->score);
}
main()
{ int i,n;
  printf("Input the total of students:");
  scanf("%d",&n);
  function1(n);
  printf("The informations are\n");
  printf("No.\tName\tScore\n");
  for(i=0;i<n;i++)
  {
     printf("%s\t",stu[i].num);
     printf("%s\t",stu[i].name);
     printf("%d\n",stu[i].score);
  }
  function2(n);
}
```

输入

Input the total of students:4↙

No.=1001↙

Name=Alei↙

Score=87↙

No.=1002↙

Name=Amei↙

Score=90↙

No.=1003↙

Name=Aliang↙

Score=92↙

No.=1004↙

Name=Mary↙

Score=86↙

输出

```
The informations are
No.     Name    Score
1001    Alei    87
1002    Amei    90
1003    Aliang  92
1004    Mary    86
The lowest score is
No.     Name    Score
1004    Mary    86
```

分析

本程序中定义了两个指向结构体数组的指针变量 p 和 small。p 是活动指针，通过自增运算依次指向结构体数组中各个元素；small 是记录 score 值最小的元素地址，当出现 p 所指元素的 score 值小于 small 中 score 值时，便更新 small 的指向，当比较完成后，输出 small 所指元素中的所有值。

本章小结

本章介绍了 C 语言中 3 种自定义数据类型，即结构体、共用体和链表。结构体与数组类似，也是一种复杂的数据类型；共用体是指把几个不同类型的变量存储在同一个地址内存单元中的一种结构类型，几个变量存储的字节数不同，可以相互覆盖，但不能同时存储在共用的一段存储空间中；而链表是 C 语言中一种重要的数据结构，它与其他数据结构的区别在于系统对它的存储分配是动态的。

习题十一

一、填空题

1．若定义一个如下的结构体 struct stu，则对结构体中变量 num 的正确引用方式是__________。

```
struct stu
{ int num;
  char name[20];
  char sex[8];
}st;
```

2．为了建立如下结点的链表，补充结点的正确描述形式。

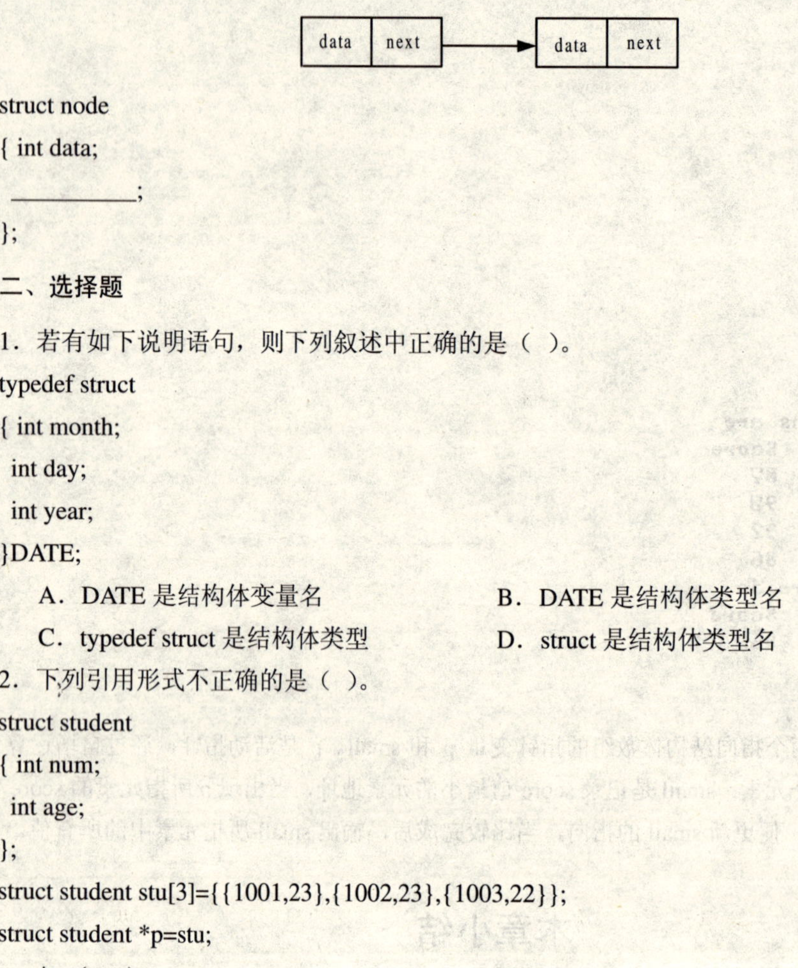


```
struct node
{ int data;
  ___________;
};
```

二、选择题

1．若有如下说明语句，则下列叙述中正确的是（ ）。

```
typedef struct
{ int month;
  int day;
  int year;
}DATE;
```

A．DATE 是结构体变量名　　B．DATE 是结构体类型名

C．typedef struct 是结构体类型　　D．struct 是结构体类型名

2．下列引用形式不正确的是（ ）。

```
struct student
{ int num;
  int age;
};
struct student stu[3]={{1001,23},{1002,23},{1003,22}};
struct student *p=stu;
```

A．(p++)->num　　B．p++

C．(*p).num　　D．p=&stu.age

三、上机操作题

从键盘输入 n 个学生的基本信息，其中包括学号、姓名、性别、出生年月日、系别、班级，并打印输出。

第十二章　文　件

教学目标

文件是计算机中一种重要的数据组成形式，也是 C 语言中一个重要的概念。简单地说，文件是存储在存储介质上的数据集合。在使用 C 语言进行程序设计时，常常需要和文件打交道，从文件中读出数据以及将数据写入特定文件。本章将介绍 C 语言中关于文件的相关操作。

教学难点与重点

（1）文件和文件指针的概念。

（2）文件的打开与关闭。

（3）文件读写函数。

（4）文件定位函数。

（5）出错检测函数。

第一节　概　述

文件是一种有序数据的集合，通常存储在计算机的外部存储介质上。C 语言中文件是以磁盘作为存储介质的有序字符集合，通常这类文件称为“数据文件”。常见的数据文件有以下两种：

（1）ASCII 码文件：把数据按其 ASCII 码形式存放的文件，即文本文件。它的每一个字节存放一个 ASCII 码，表示一个字符。

（2）二进制文件：把内存中的数据按其在内存中的存储形式存放在外存中的文件。

例如，一个整数 10 000，在内存中占两个字节，按 ASCII 码形式输出占 5 个字节，而按二进制形式输出占两个字节。用 ASCII 码形式输出与字符一一对应，一个字节表示一个字符。ASCII 码形式便于对字符进行逐个处理，也便于输出字符，但是占用存储空间较大，而且需要花费较多的转换时间；用二进制形式输出数值，能节省外存空间和转换时间，但不能直接输出字符形式。

第二节　文件指针

在 C 语言中，系统为文件在内存中自动开辟一个缓冲区，并用由系统定义的 FILE 结构体类型来存放文件信息。

例如，在 Turbo C 的 stdio.h 中定义文件：

```
typedef struct
{
```

```
    short level;                 /*缓冲区“空”或“满”的程度*/
    unsigned flags;              /*文件状态的标志*/
    char fd;                     /*文件描述符*/
    unsigned char hold;          /*如果没有缓冲区，则不读取字符*/
    short bsize;                 /*缓冲区的大小*/
    unsigned char *buffer;       /*缓冲区的位置*/
    unsigned char *curp;         /*当前的指针指向*/
    unsigned istemp;             /*临时文件，指示器*/
    short token;                 /*有效性检查*/
}FILE;
```

在对文件访问之前，必须先定义一个文件指针变量，通过文件指针变量找到相应的文件。其指针变量的定义格式如下：

FILE *指针变量名;

其中，在定义文件指针变量时，必须使用 FILE 类型。

例如，定义一个文件指针变量 fp：

```
FILE *fp;
```

第三节　文件的打开与关闭

与其他高级语言一样，在 C 语言中，对文件进行操作之前，必须先打开该文件；当操作结束后，应该关闭该文件。

一、fopen 函数

在 C 语言中，打开一个文件需要调用库函数 fopen()，其调用格式如下：

```
FILE *fp;
fp=fopen(文件名,打开方式)
```

其中，文件名表示所要打开的文件名称；打开方式表示文件的使用方式。该函数返回一个指向 FILE 类型的指针，如果为空指针 NULL，则表示文件打开错误，通常在读写文件之前检查文件是否正确。

例如：

```
if((fp=fopen("text.txt","r"))==NULL)
{
    printf("Cannot open the file!\n");
    exit(0);
}
```

在 C 语言中，常见的文件打开方式及含义如表 12.1 所示。

表 12.1　常见的文件打开方式及含义

文件打开方式	含　义
r（只读）	打开一个只读文本文件
w（只写）	打开一个只写文本文件
a 或 at（追加）	打开一个追加文本文件
rb（只读）	打开一个只读二进制文件
wb（只写）	打开一个只写二进制文件
ab（追加）	打开一个追加二进制文件
r+（读写）	打开一个读写文本文件
w+（读写）	打开一个读写文本文件
a+（读写）	打开一个读写文本文件
rb+（读写）	打开一个读写二进制文件
wb+（读写）	打开一个读写二进制文件
ab+（读写）	打开一个读写二进制文件
rt+（读写）	打开一个读写文本文件
wt+（读写）	打开一个读写文本文件
at+（读写）	打开一个读写文本文件

注意　对于文件的打开，应注意以下两点：

（1）“r”方式打开的文件只能用于向计算机输入数据，而不能用于向该文件输出数据。如果该文件不存在，则不能用“r”方式打开。

（2）“w”方式打开的文件只能用于向该文件写数据，而不能用于向计算机输入。如果该文件不存在，则在文件打开时以该文件名重建一个文件；如果该文件存在，则在文件打开时删除该文件，然后重新建立一个新文件。

二、fclose 函数

当文件使用结束后，需要关闭，否则可能造成文件中的数据丢失。关闭文件就是使文件指针变量不再指向文件，同时将尚未写入磁盘的数据（即缓冲区中的数据）写入磁盘，从而保证数据的完整性。在 C 语言中，关闭文件要用 fclose()函数，其调用格式如下：

fclose(文件指针变量);

C 语言中的文件是流式文件，在打开时先建立一个内存缓冲区，然后进行读写操作。当写数据时，待写满缓冲区后才向磁盘写一次，因而当缓冲区未写满而结束操作时，可能丢失缓冲区中的数据。为了避免数据的丢失，应在文件操作结束时及时关闭文件。

例 12.1　打开本地磁盘中的 song.txt 文件，然后关闭。

程序

```
#include<stdio.h>
main()
{ FILE *fp;
 if((fp=fopen("I:\\song.txt","r"))==NULL)
 {
   printf("Cannot open the file!\n");
   exit(0);
 }
```

```
fclose(fp);
}
```

分析

本程序中的 if 语句的作用是检查打开的文件是否正确；程序中文件目录的反斜杠“\”使用转义字符“\\”表示。

第四节　文件的读写操作

文件打开后，就可以对其进行读写操作了。本节将着重介绍 C 语言库函数中常见的读写函数。

一、fputc 函数与 fgetc 函数

（1）字符输出函数 fputc 的作用是从打开的文件中读取一个字符，其调用格式如下：

```
FILE *fp;
char ch;
fputc(ch,fp);
```

其中，fp 表示文件型指针变量；ch 表示字符变量。该函数的功能是将一个字符变量 ch 中的字符输出到 fp 指向的文件中，如果输出操作成功，则该函数返回输出的字符；否则返回 EOF，它是不可输出字符，不能在屏幕上显示，其值为-1。

例 12.2　从键盘输入一个字符串，将其传送到磁盘文件 file1 中，该字符串以“*”为结束符。

程序

```
#include<stdio.h>
#include<stdlib.h>
main()
{ FILE *fp;
  char ch;
  char str[10];
  if((fp=fopen("I:\\file1.txt","w"))==NULL)
  {
     printf("Cannot open the file!\n");
     exit(0);
  }
  printf("Input a string:\n");
  while((ch=getchar())!='*')
        fputc(ch,fp);
  fclose(fp);
}
```

输入

```
Input a string:
heal the world↙
Michael Jackson↙
there's a place in your heart↙
and i know that it is love↙
and this place could be much↙
brighter than tomorrow↙
and if you really try↙
you'll find there's no need to cry↙
……*↙
```

输出

```
heal the world
Michael Jackson
there's a place in your heart
and i know that it is love
and this place could be much
brighter than tomorrow
and if you really try
you'll find there's no need to cry
……
```

分析

本程序首先以只写的形式打开文件"I:\file1.txt",然后通过 while 循环语句向该文件中输入字符串，当遇到字符“*”时，退出循环，最后关闭文件指针 fp。

（2）字符输入函数 fgetc 的作用是从指定的文件中读入一个字符，其调用格式如下：

```
FILE *fp;
char ch;
ch=fputc(fp);
```

其中，fp 表示文件型指针变量；ch 表示字符变量。该函数的功能是从 fp 指定的文件中读取一个字符，并赋给字符变量 ch，如果读取字符时文件已经结束或出错，则返回文件结束标记 EOF。

例 12.3 在屏幕上显示文本文件 file1 中的内容。

程序

```
#include<stdio.h>
#include<stdlib.h>
main()
{ FILE *fp;
 char ch;
 char str[10];
 if((fp=fopen("I:\\file1.txt","r"))==NULL)
```

```
{
    printf("Cannot open the file!\n");
    exit(0);
}
printf("The file is\n");
while((ch=fgetc(fp))!=EOF)
        putchar(ch);
fclose(fp);
}
```

输出

```
The file is
heal the world
Michael Jackson
there's a place in your heart
and i know that it is love
and this place could be much
brighter than tomorrow
and if you really try
you'll find there's no need to cry
……
```

分析

本程序首先以只读的形式打开文件"I:\file1.txt"，然后通过 while 循环语句把文本文件中的字符逐个赋给字符变量 ch 并通过 putchar 函数输出，当遇到文件结束标志 EOF 时，退出循环，最后关闭文件指针 fp。

二、fputs 函数与 fgets 函数

对文件输入输出除以字符形式操作外，还可以以字符串为单位进行处理（即行处理）。在 C 语言中，提供了 fputs 函数和 fgets 函数实现字符串的读写。

（1）字符串输出函数 fputs()。其一般调用格式如下：

```
FILE *fp;
char str[80];
fputs(str,fp);
```

其中，str 为指向字符串的数组名称；fp 是文件指针。该函数的功能是将 str 指向的字符串或字符串常量写入 fp 指向的文本文件中，如果调用成功则返回值为 0，否则为 EOF。

例 12.4　从键盘输入一个字符串，将其传送到磁盘文件 file2 中。

程序

```
#include<stdio.h>
#include<stdlib.h>
#include<string.h>
main()
```

```
{ FILE *fp;
  char str[80];
  if((fp=fopen("I:\\file2.txt","w"))==NULL)
  {
     printf("Cannot open the file!\n");
     exit(0);
  }
  printf("Input a string:\n");
  while(strlen(gets(str))>0)
  {
     fputs(str,fp);
     fputs("\n",fp);
  }
  fclose(fp);
}
```

输入

```
Input a string:
my love will go on↙
Ceiline Dion↙
every night in my dreams i see you,↙
i feel you that is how↙
i know you go on far across the distance and spaces between us↙
……↙
↙
```

输出

```
my love will go on
Ceiline Dion
every night in my dreams i see you,
i feel you that is how
i know you go on far across the distance and spaces between us
……
```

分析

程序在运行时，每次输入一行字符，按回车键后，这个字符串就被 fputs 函数送到文件 file2 中。由于 fputs 函数不能自动在输出字符串后加回车符，所以必须单独用 fputs 函数将转义字符“\n”输入到文本文件中。输入完所有字符串后，在最后一行直接按回车键，结束循环，终止程序（此时 strlen(gets(str))=0）。

（2）字符串输入函数 fgets()。其一般调用格式如下：

```
FILE *fp;
char str[80];
```

```
int n;
fgets(str,n,fp);
```

其中，str 为指向字符串的数组名称；n 表示要读取的字符个数；fp 是文件指针。该函数的功能是从 fp 所指向的文件中读取长度不超过 n-1 个字符的字符串，并将该字符串存放在字符数组 str 中，如果调用成功则返回字符数组 str 的首地址，否则为 NULL。

例 12.5　在屏幕上显示文本文件 file2 中的内容。

程序

```
#include<stdio.h>
#include<stdlib.h>
main()
{ FILE *fp;
  char str[80];
  if((fp=fopen("I:\\file2.txt","r"))==NULL)
  {
    printf("Cannot open the file!\n");
    exit(0);
  }
  printf("The file is\n");
  while(fgets(str,80,fp)!=NULL)
      printf("%s",str);
  fclose(fp);
}
```

输出

```
The file is
my love will go on
Ceiline Dion
every night in my dreams i see you,
i feel you that is how
i know you go on far across the distance and spaces between us
……
```

分析

本程序运行的结果是在终端屏幕上输出 file2 文件中的 7 行字符串，值得注意的是，语句“printf("%s",str);”的格式转换符“%s”后面没有“\n”，因为 fgets 函数读入的字符串中已包含换行符“\n”。

三、fwrite 函数与 fread 函数

（1）fwrite 函数的作用是从内存缓冲区中把数据写入由 fopen 函数打开的文件中。其一般调用格式如下：

```
int fwrite(void *buffer,int size,int count,FILE *fp);
```

其中，buffer 表示输出一个数据的地址指针；size 表示读出的字节数；count 表示读出数据项的个数；fp 表示文件型指针。如果函数调用成功，则返回读出数据项的个数 count。

例 12.6　从键盘输入 n 个学生的相关信息并存储到磁盘文件 student 中。

程序

```
#include<stdio.h>
#include<stdlib.h>
struct student
{ char num[10];
  char name[10];
  char age[10];
  char addr[10];
};
struct student stu[80];
void function(int n)
{ FILE *fp;
  int i;
  if((fp=fopen("I:\\student.txt","w"))==NULL)
  {
     printf("Cannot open the file!\n");
     exit(0);
  }
  for(i=0;i<n;i++)
  {
     if(fwrite(&stu[i],sizeof(struct student),1,fp)!=1)
          printf("Input error!\n");
  }
  fclose(fp);
}
main()
{ int i,n;
  printf("Input the total of students:");
  scanf("%d",&n);
  for(i=0;i<n;i++)
  {
     printf(No.=");
     scanf("%s",stu[i].num);
     printf("Name=");
     scanf("%s",stu[i].name);
     printf("Age=");
```

```
        scanf("%s",stu[i].age);
        printf("Addr=");
        scanf("%s",stu[i].addr);
    }
    function(n);
}
```

输入

```
Input the total of students:3↙
No.=1001↙
Name=Alei↙
Age=23↙
Addr=Xi'an↙
No.=1002↙
Name=Amei↙
Age=23↙
Addr=Xi'an↙
No.=1003↙
Name=Aliang↙
Age=22↙
Addr=Xi'an↙
```

输出

```
1001      Alei       23        Xi'an
1002      Amei       23        Xi'an
1003      Aliang     22        Xi'an
```

分析

本程序中首先从键盘输入 3 个学生的基本信息，然后调用 function()函数，将这些数据输出到以"student"命名的磁盘文件中。其中 fwrite 的作用是将一个长度为 sizeof(struct student)字节的数据传送到 student 文件中。

（2）fread 函数的作用是从已经打开的文件中读取数据到内存缓冲区中。其一般调用格式如下：

int fread(void *buffer,int size,int count,FILE *fp);

其中，buffer 表示存放读入一个数据的地址指针；size 表示读出的字节数；count 表示读出数据项的个数；fp 表示文件型指针。如果函数调用成功，则返回读出数据项的个数 count。

例如：fread(f,4,2,fp);

其中，f 是一个实型数组名，在内存中占 4 个字节。该语句的功能是从 fp 所指向的文件读入两个 4 个字节的数据，存储到数组 f 中。

例 12.7　在屏幕上显示文本文件 student 中的内容。

程序

```
#include<stdio.h>
#include<stdlib.h>
struct student
{ char num[10];
  char name[10];
  char age[10];
  char addr[10];
};
struct student stu[80];
FILE *fp;
main()
{ int i;
  if((fp=fopen("I:\\student.txt","r"))==NULL)
  {
    printf("Cannot open the file!\n");
    exit(0);
  }
  printf("The file is\n");
  for(i=0;fread(&stu[i],sizeof(struct student),1,fp);i++)
  {
      printf("%s\t ",stu[i].num);
      printf("%s\t",stu[i].name);
      printf("%s\t",stu[i].age);
      printf("%s\n",stu[i].addr);
  }
  fclose(fp);
}
```

输出

```
The file is
1001      Alei      23      Xi'an
1002      Amei      23      Xi'an
1003      Aliang    22      Xi'an
```

四、fprintf 函数与 fscanf 函数

fprintf 函数、fscanf 函数与 printf 函数、scanf 函数的功能类似，都是格式化输出输入函数，它们的区别在于读写对象不同，前者读写的对象是磁盘文件，而后者读写的对象是计算机终端。

（1）格式化输出函数 fprintf()。其调用格式如下：

fprintf(FILE *fp,格式控制串,输出列表);

其中，fp 是指向将要写入的文件指针；格式控制串和输出列表的作用与 printf 中的相同。该函数的功能是输出列表中的常量及变量，其返回值是实际输入到文件中的字符数。

例 12.8　输入某班学生成绩，包括学生学号、姓名、性别及 4 科成绩，并将其存入到磁盘文件 student1 中。

程序

```
#include<stdio.h>
#include<stdlib.h>
struct student
{ int num;
  char name[10];
  char sex[5];
  int Computer;
  int English;
  int Maths;
  int Music;
 };
 main()
 { struct student stu[80];
   FILE *fp;
   int i,n;
   if((fp=fopen("I:\\student1.txt","w"))==NULL)
   {
      printf("Cannot open the file!\n");
      exit(0);
   }
   printf("Input the total of students:");
   scanf("%d",&n);
   printf("Input the student information:\n");
   for(i=0;i<n;i++)
   {
      printf("No.=");
      scanf("%d",&stu[i].num);
      printf("Name=");
      scanf("%s",stu[i].name);
      printf("Sex=");
      scanf("%s",stu[i].sex);
      printf("Computer=");
      scanf("%d",&stu[i].Computer);
```

```
    printf("English=");
    scanf("%d",&stu[i].English);
    printf("Maths=");
    scanf("%d",&stu[i].Maths);
    printf("Music=");
    scanf("%d",&stu[i].Music);
    fprintf(fp,"%d\t%s\t%s\t%d\t%d\t%d\t%d\n",stu[i].num,stu[i].name,stu[i].sex,
              stu[i].Computer,stu[i].English,stu[i].Maths,stu[i].Music);
  }
  fclose(fp);
}
```

输入

```
Input the total of students:3↙
Input the student information:
No.=1001↙
Name=Alei↙
Sex=M↙
Computer=91↙
English=89↙
Maths=88↙
Music=86↙
No.=1002↙
Name=Amei↙
Sex=F↙
Computer=89↙
English=94↙
Maths=88↙
Music=94↙
No.=1003↙
Name=Aliang↙
Sex=M↙
Computer=94↙
English=92↙
Maths=85↙
Music=89↙
```

输出

```
1001    Alei    M       91      89      88      86
1002    Amei    F       89      94      88      94
1003    Aliang  M       94      92      85      89
```

分析

本程序定义了一个学生信息的结构体，包括学生的所有信息，然后定义了一个学生信息结构体变量数组，从键盘输入需要记录的学生人数 n，接着输入该 n 个学生的相关信息，最后通过 fprintf 函数将这些信息存储在磁盘 I 中。

（2）格式化输入函数 fscanf()。其调用格式如下：

fscanf(FILE *fp,格式控制串,输入列表);

其中，fp 是指向要读取文件的指针；格式控制串和输出列表的作用与 scanf 中的相同。该函数的功能是从 fp 所指向的文件中，按照格式将数据赋给输入列表中对应的变量地址。

例 12.9　在屏幕上显示文本文件 student1 中的内容。

程序

```
#include<stdio.h>
#include<stdlib.h>
struct student
{ int num;
  char name[10];
  char sex[5];
  int Computer;
  int English;
  int Maths;
  int Music;
};
struct student stu[80];
FILE *fp;
main()
{ int i=0;
  if((fp=fopen("I:\\student1.txt","r"))==NULL)
  {
     printf("Cannot open the file!\n");
     exit(0);
  }
  printf("The file is\n");
  while(stu[i].num!='\0')
  {
     fscanf(fp,"%d\t%s\t%s\t%d\t%d\t%d\t%d\n",&stu[i].num,stu[i].name,stu[i].sex,
           stu[i].Computer,&stu[i].English,&stu[i].Maths,&stu[i].Music);
     i++;
  }
  fclose(fp);
}
```

输出

```
The file is
1001    Alei    M    91    89    88    86
1002    Amei    F    89    94    88    94
1003    Aliang  M    94    92    85    89
```

第五节　文件的定位

文件中有一个位置指针，指向当前读写文件的位置。如果顺序读写一个文件，则每读一个字符，文件的位置指针自动下移一个字符位置。C 语言库函数中提供了一些函数，可以强制使位置指针指向其他位置，本节将介绍几种常见的文件定位函数。

一、rewind 函数

rewind 函数的功能是将文件指针指向文件的起始位置，并清除文件结束标志和出错标志，其调用格式如下：

int rewind(FILE *fp);

其中，fp 表示将要定位的文件。该函数如果调用成功，则返回 0；否则返回非零。

二、fseek 函数

fseek 函数的功能是将文件指针重新定位，并清除文件结束标志，其调用格式如下：

int fseek(FILE *fp,long offset,int fromwhere);

其中，fp 表示将要定位的文件；offset 表示 fromwhere 与新位置之间的距离，如果大于零，则表示将文件指针从 fromwhere 起向后移动 offset 个字节，否则表示将文件指针从 fromwhere 起向前移动 offset 个字节；fromwhere 表示文件定位的起始位置，其值只能是 0，1，2 中的任意一个。fseek 函数中 fromwhere 符号常量的取值如表 12.2 所示。

表 12.2　fseek 函数中 fromwhere 符号常量的取值

文件位置	名　称	取　值
文件开始	SEEK_SET	0
文件当前位置	SEEK_CUR	1
文件末尾	SEEK_END	2

例如：

```
fseek(fp,100L,0);        /*将位置指针从文件开始向后移 100 个字节*/
fseek(fp,-100L,2);       /*将位置指针从文件末尾向前移 100 个字节*/
fseek(fp,100L,1);        /*将文件指针从当前位置向后移 100 个字节*/
```

三、ftell 函数

ftell 函数的功能是得到文件位置指针相对于文件开头的位移量，其调用格式如下：

ftell(FILE *fp);

其中，fp 表示将要定位的文件。该函数如果调用成功，则返回文件指针位置；否则返回-1L。

例 12.10　输入某班学生成绩，包括学号、姓名、性别、班级及系别，将第 2，4，6，…，n 个学生的信息存入磁盘 I 的 student1 中，将第 1，3，5，…，n-1 个学生的信息存入磁盘 I 的 student2 中。

程序

```
#include<stdio.h>
#include<stdlib.h>
struct student
{ int num;
  char name[10];
  char sex[5];
  int grade;
  char department[20];
};
main()
{ struct student stu[80];
  FILE *fp,*fp1,*fp2;
  int i,n;
  printf("Input the total of students:");
  scanf("%d",&n);
  for(i=0;i<n;i++)
  {
     printf("No.=");
     scanf("%d",&stu[i].num);
     printf("Name=");
     scanf("%s",stu[i].name);
     printf("Sex=");
     scanf("%s",stu[i].sex);
     printf("Grade=");
     scanf("%d",&stu[i].grade);
     printf("Department=");
     scanf("%s",stu[i].department);
  }
  if((fp=fopen("I:\\student.txt","w"))==NULL)
  {
     printf("Cannot open the file!\n");
     exit(0);
  }
  if((fp1=fopen("I:\\student1.txt","w"))==NULL)
  {
```

```
    printf("Cannot open the file!\n");
    exit(0);
  }
  if((fp2=fopen("I:\\student2.txt","w"))==NULL)
  {
    printf("Cannot open the file!\n");
    exit(0);
  }
  for(i=0;i<n;i++)
  {
    fprintf(fp,"%d\t%s\t%s\t%d\t%s\n",stu[i].num,stu[i].name,stu[i].sex,stu[i].grade,
          stu[i].department);
  }
  for(i=0;i<n;i=i+2)
  {
    fread(&stu[i],sizeof(struct student),1,fp);
    fprintf(fp2,"%d\t%s\t%s\t%d\t%s\n",stu[i].num,stu[i].name,stu[i].sex,stu[i].grade,
          stu[i].department);
    fseek(fp,sizeof(struct student),1);
  }
  rewind(fp);
  for(i=0;i<n;i=i+2)
  {
    fseek(fp,sizeof(struct student),1);
    fread(&stu[i],sizeof(struct student),1,fp);
    fprintf(fp1,"%d\t%s\t%s\t%d\t%s\n",stu[i].num,stu[i].name,stu[i].sex,stu[i].grade,
          stu[i].department);
  }
  fclose(fp);
  fclose(fp1);
  fclose(fp2);
}
```

输入

Input the total of students:3↙

No.=1001↙

Name=Alei↙

Sex=M↙

Grade=2↙

Department=Computer↙

No.=1002↙

Name=Amei↙

Sex=F↙

Grade=3↙

Department=Maths↙

No.=1003↙

Name=Aliang↙

Sex=M↙

Grade=2↙

Department=Computer↙

输出

```
1001    Alei    M       2       Computer
1002    Amei    F       3       Maths
1003    Aliang  M       2       Computer

1001    Alei    M       2       Computer
1003    Aliang  M       2       Computer

1002    Amei    F       3       Maths
```

分析

本程序是一个典型的文件输入输出实例。程序中首先定义了一个存放学生信息的全局结构体类型 struct student，在主函数 main()中定义了 3 个指向文件的文件指针 fp，fp1 和 fp2，分别用于存放输入的全部学生信息、第偶数个学生信息和第奇数个学生信息；然后从键盘输入该班的学生数 n，接着输入所有学生的信息，并使用 fprintf 函数存入磁盘文件 file 中；最后使用 fread 函数、fseek 函数和 fprintf 函数把第偶数个学生的信息存入磁盘文件 file1 中，把第奇数个学生的信息存入磁盘文件 file2 中。

第六节　出错检测

C 语言中还提供了一些用于出错检测的函数，当调用各种输入输出函数时，如果出现错误，则系统将返回出错信息。本节将介绍两种常见的出错检测函数。

一、ferror 函数

ferror 函数的功能是当系统调用输入输出函数时，用于出错检测，其一般调用格式如下：

ferror(FILE *fp);

其中，fp 表示将要检测的文件指针。调用该函数后，如果返回值为 0，则表示该输入输出操作未出错；否则输入输出操作出错。

二、clearerr 函数

clearerr 函数的功能是把文件出错标志和文件结束标志置为 0，其一般调用格式如下：

clearer(fp);

该函数主要用于调用输入输出函数出现错误，ferror 的值为非零时，将文件出错标志和文件结束标志置为 0。

例 12.11　本地磁盘中不存在磁盘 K，如果在该磁盘上创建文件 file.doc，写出系统的输出结果。

程序

```
#include<stdio.h>
#include<stdlib.h>
main()
{ FILE *fp;
 int i,j;
 if((fp=fopen("K:\\file.doc","w"))==NULL)
 {
   printf("Cannot open the file!\n");
   exit(0);
 }
 i=ferror(fp);
 clearerr(fp);
 j=ferror(fp);
 printf("i=%d\tj=%d\n",i,j);
}
```

输出

```
Cannot open the file!
i=1     j=0
```

分析

由于本地磁盘不存在磁盘 K，因此该文件不能打开，出现错误，即 i 值为非零；然后调用 clearerr 函数将出错标志和文件结束标志置为 0。故输出结果为 i=1，j=0。

第七节　程序举例

例 12.12　从键盘输入多行字母，将其中的英文小写字母转换成大写字母，然后保存在磁盘 I 中的文件 information 中（其中行数由用户决定）。

程序

```
#include<stdio.h>
#include<stdlib.h>
#include<string.h>
main()
```

```
{ FILE *fp;
  char str[80];
  int i;
  if((fp=fopen("I:\\information.txt","w"))==NULL)
  {
     printf("Cannot open the file!\n");
     exit(0);
  }
  printf("Input a string\n");
  while(strlen(gets(str))>0)
  {
     for(i=0;str[i]&&i<100;i++)
          if(str[i]>='a'&&str[i]<='z')
               str[i]=str[i]-32;
     fputs(str,fp);
     fputs("\n",fp);
  }
  fclose(fp);
}
```

输入

```
Input a string↙
We could fly so high↙
let our spirites never die↙
in my heart i feel you are all my brothers↙
create a world with no fear↙
together we'll cry happy tears↙
see the nations turn their swords into plowshares↙
↙
```

输出

```
WE COULD FLY SO HIGH
LET OUR SPIRITES NEVER DIE
IN MY HEART I FEEL YOU ARE ALL MY BROTHERS
CREATE A WORLD WITH NO FEAR
TOGETHER WE'LL CRY HAPPY TEARS
SEE THE NATIONS TURN THEIR SWORDS INTO PLOWSHARES
```

分析

本程序首先定义了一个文件指针变量 fp，用于存储输入的字符串，然后通过 while 语句和 strlen 函数判断字符串是否输入结束，如果输入空行即 strlen 函数的返回值为 0，则表示输入结束，否则继续输入；循环体中通过判断 for 语句将输入的英文小写字母转换成大写字母。最后通过 fputs()函数将字符串写入到磁盘文本文件 file 中。

例 12.13　统计例 12.12 中写入磁盘文件 information 中的字符个数和单词个数。

程序

```
#include<stdio.h>
#include<stdlib.h>
main()
{ long counter1,counter2,flag;
 FILE *fp;
 char ch;
 counter1=counter2=0;
 flag=1;
 if((fp=fopen("I:\\information.txt","r"))==NULL)
 {
    printf("Cannot open the file!\n");
    exit(0);
 }
 while((ch=fgetc(fp))!=EOF)
 {
    if(ch>='a'&&ch<='z'||ch>='A'&&ch<='Z')
        counter1++;
   switch(ch)
   {
      case ' ':flag=1;break;
      case '\t':flag=1;break;
      case '\n':flag=1;break;
      default:
             if(flag)
             {
                flag=0;
                counter2++;
             }
   }
 }
 printf("There are %ld characters and %ld words in the file!\n",counter1,counter2);
 fclose(fp);
}
```

输出

```
There are 160 characters and 39 words in the file!
```

分析

本程序既实现了统计文本文件中英文字母的个数，又实现了统计文本文件中英语单词的个数，通过文件结束标志 EOF 判断文件的读入是否结束。在统计文件单词个数时，设计了一个标志符 flag，并为其赋初值 1，在 switch 语句中，如果读入的字符为空格、制表符或换行符，则给 flag 赋予 1；否则单词计数变量 counter2 加 1，然后将 0 赋给 flag。

本章小结

文件是程序设计中一个非常重要的概念，本章首先介绍了文件和文件指针的概念；然后介绍了几种与文件操作相关的函数，如 fgets()函数、fputc()函数、fread()函数、fprintf()函数等；最后介绍了在文件操作中常遇到的出错检测函数。希望读者能够掌握并灵活运用这些函数。

习题十二

一、填空题

1．在 C 程序中，数据可以以＿＿＿＿＿和＿＿＿＿＿两种形式的代码存放。

2．执行 fopen 函数时，ferror 函数的初值是＿＿＿＿＿。

二、选择题

1．当需要将信息写入文件时，需要用到的操作方式是（ ）。

A．w　　B．c

C．r　　D．v

2．若要打开 A 盘上的 user 子目录下名为 abc.txt 的文本文件进行读、写操作，则下面符合要求的函数调用是（ ）。

A．fopen("A:\user\abc.txt","r")

B．fopen("A:\\user.abc.txt","r+")

C．fopen("A:\user\abc.txt","rb")

D．fopen("A:\\user\\abc.txt","w")

三、上机操作题

1．从键盘上输入 3 个学生的基本信息，然后转存到磁盘文件 student.txt 中。

2．编写一个函数，把上题中的学生信息从 student.dat 中读出来，并显示在屏幕上。

第十三章　面向对象程序设计与C++

教学目标

C++语言是当今世界功能最强大、应用最广泛的程序设计语言之一。它是在C语言的基础上发展起来的，与C语言相比增加了类和对象。

教学难点与重点

（1）C++的基本概念、特点以及与C语言的区别。

（2）C++的输入输出函数与输入输出流。

（3）类与对象的概念、联系及应用。

（4）函数的重载及应用。

（5）构造函数与析构函数的概念及应用。

（6）继承与派生的概念及应用。

第一节　C++与C语言

随着计算机网络技术、多媒体技术、计算机集成制造技术、人工智能技术以及通讯技术的不断发展，对计算机软件的开发提出了更高的要求，许多专业人士都在探索，是否有一种方法可以大幅度提高代码的重用性，并能够事例化一些具体的事务。

1980年贝尔实验室Bjarne Stroustrup教授开始对原有C语言进行了扩充和改进，引入了类（class）的概念。1983年正式给这种带类的C命名为C++。以后经过3次修订终于在1994年制定了ANSI C++标准草案。C++继承了C语言功能强大、使用灵活、运算符和数据结构丰富以及使用结构化编程语言等特点，同时增加了对面向对象编程（OPP）的完全支持，并最终成为应用最广泛的编程语言之一。

与C语言相比，C++不仅克服了C语言的不足，而且保留了C语言原有的优点，增加了面向对象的机制，具有面向对象编程语言的共性。

1．封装性与隐蔽性

数据封装是将一个数据与该数据有关的所有操作封装为一个整体，在封装的数据中通过接口与外界联系。使用数据封装有利于屏蔽复杂程序中烦琐的代码，使读者能够快速掌握程序的结构及功能。

2．继承与重用性

继承是面向对象语言的另一个重要概念，它是将整体与部分的关系模型化。在C++中，每个类都是由一组特殊的行为和特征组成的，处于最高层的类是最普遍、最简单的，而处于最低层的类是最特殊、最复杂的。当某个类确定后，该类的子类都包含该类的特征。

3．多态性

多态是指用不同的方法达到同一效果，即一种相同功能可以有多种实现方法。在 C++中，相同的界面对于多种实现，这就是多态性的表现。

第二节　简单的 C++程序

一个完整的 C++程序应包括预处理命令、语句、函数、输入输出语句及注释语句等。

（1）预处理命令。在 C++中，预处理命令包括宏定义命令、文件包含命令和条件编译命令。预处理命令以“#”开头。

（2）语句。C++程序的基本单位是语句，程序是按语句编译的。“;”是语句的结束标志符。只有语句结束标志符，没有表达式的语句，称为空语句。空语句参与编译，但不实现任何操作。

（3）函数。C++程序中的函数包括两种，即主函数和子函数。主函数可以调用任何一个子函数，子函数之间也可以相互调用，但子函数不能调用主函数。

函数的定义格式如下：

<函数返回值类型><函数名>()

其中，函数的返回值类型可以是任意基本数据类型；函数名用于标志一个函数，使函数具有唯一性。

（4）输入输出语句。输入输出语句用于实现人机交互，即人与计算机之间相互传递信息。

（5）注释语句。注释语句是为了增加源程序的可读性，不参与程序编译。在 C++中，注释有两种，即块注释（其标志符是“/*”与“*/”，处在这两个标志符之间的部分是程序的注释）和行注释（其标志符是“//”，处在该标志符后的部分是注释）。

第三节　C++的输入输出

在 C++中，除了可以利用 scanf()函数和 printf()函数进行输入输出外，还增加了标准输入输出流 cin 和 cout。其中，cin 由 c 和 in 两个单词构成，表示 C++的输入流；cout 由 c 和 out 两个单词构成，表示 C++的输出流。它们是在头文件 iostream.h 中定义的。

输入输出流是通过运算符“<<”和“>>”组成的，属于 iostream 文件。

输入：使用“>>”运算符从输入流（cin）中读取由键盘输入的字符或数字，并把它存储在指定的变量中。

输出：使用“<<”运算符向输出流（cout）中插入字符或数字，并输出显示在屏幕上。

例 13.1　计算两数之和并输出。

程序

```
#include<iostream.h>
void main()
{ int a,b,c;
 cout<<"Input two numbers"<<endl;
 cout<<"a=";
```

```
cin>>a;
cout<<"b=";
cin>>b;
c=a+b;
cout<<"c=a+b="<<a<<"+"<<b<<"="<<c<<endl;
}
```

输入

```
Input two numbers
a=12↙
b=21↙
```

输出

```
c=a+b=12+21=33
```

分析

本程序中，首先输入两个整型数据，然后按照格式将它们的和输出。其中“endl”是将显示屏幕的光标移动到下一行，即换行，等同于字符常量“\n”。

例 13.2　求圆周率。依据公式 PI/4≈1－1/3＋1/5－1/7＋…，要求最后一项的绝对值小于 10^{-7}。

程序

```
#include<iostream.h>
#include<iomanip.h>
#include<math.h>
void main()
{int s=1;
 float sum=0,temp=1,pi,n=1;
do
{sum=sum+temp;
 n=n+2;
 s=-s;
 temp=s/n;
}
while(fabs(temp)>=1e-7);
   pi=4*sum;
cout<<setprecision(3)<<pi<<endl;
}
```

输出

```
3.14
```

分析

函数 fabs()属于数学函数，因此需要加上 math.h 头文件；setprecision 属于流控制符，需要加上 iomanip.h 头文件。需要注意的是“while(fabs(temp)>=1e-7);”语句后面的分号标志整个 do…while 循环体的结束。

第四节　类与对象

类（class）是同一组对象的集合与抽象。类包含数据成员和成员函数，在类中，用户可以通过对该类的数据成员和成员函数的访问权限进行设定来提高数据的安全性。对象（object）是进行研究的一个具体实体。类概念的引入，是面向对象程序设计的一大特点。

一、类

类是一种抽象的数据类型，在类中可以定义该类的数据成员和成员函数，这些数据成员和成员函数有 3 种类型，即私有成员、公有成员和保护成员。

1. 私有成员

私有成员通常用来描述类中对象的属性。类中定义的私有成员只能被类中的数据成员或成员函数访问。类的派生类无权访问该类的私有成员。定义私有成员使用关键字 private。

2. 公有成员

公有成员是类之间共享信息的接口。它不但可以被该类中的成员访问并修改，而且可以被其派生中的成员访问并修改。如果该类是另一个类的派生类，则还可以被其基类的成员访问并修改。定义公有成员使用关键字 public。

3. 保护成员

类的保护成员可以被该类中的成员访问并修改。保护成员可以被该类的成员函数或友元访问。定义保护成员使用关键字 protected。

在 C++中，类的定义有以下两种形式：

（1）说明部分和实现部分分开定义。其一般定义格式如下：

```
class 类名
{         private:
          私有数据成员;
          私有成员函数;
     public:
          公有数据成员;
          公有成员函数;
     protected:
          保护数据成员;
          保护成员函数;
```

```
};
```

类的实现部分格式如下：

```
<类名>::<成员函数>
{
    …
}
```

（2）说明部分和实现部分同时定义。其一般定义格式如下：

```
class 类名
{       private:
            私有数据成员
            私有成员函数
            {
                …
            }
        public:
            公有数据成员
            公有成员函数
            {
                …
            }
        protected:
            保护数据成员
            保护成员函数
            {
                …
            }
};
```

例 13.3　类的定义实例。

程序

```
class student
{ private:
      int num;
      char name[8];
      char addr[20];
  public:
  void outnum(void)
  { cout<<num;
  }
  void outname(void)
```

```
  { cout<<name;
  }
  void outaddr(void)
  { cout<<addr;
  }
  protected:
    float score;
  void outscore(void)
  { cout<<score;
  }
};
```

注意 定义类时需要注意以下 5 点：

（1）符号“::”为作用域运算符，其作用是标识一个成员函数属于哪个类。

（2）类中的成员不允许使用存储类型关键字。

（3）类中定义的成员不能进行初始化。

（4）类中任意数据成员或成员函数都可以被类中成员函数调用。

（5）类中成员的类型可以是任意类型，但当类 A 继承类 B 的成员，而类 B 又在类 A 的后面时，需要先声明类 B，这一点与前面函数的用法类似。

二、对象

类的定义是一种数据类型的定义，对于类的操作需要对象来实现，可以说对象是类的一种实例。通过某个类来定义一个对象，即在创建一个对象时指明所属的类。对象的定义方式有两种，即直接方式和间接方式。

（1）直接方式。直接方式是在程序中直接通过类定义对象。

（2）间接方式。间接对象又称为动态对象，它是指用关键字 new 在程序运行阶段定义的对象。

在 C++中，可以使用运算符“.”和“->”来调用对象所从属的类中的成员，其访问权限受类中成员类型限制。一般只允许访问类中的公有成员（public）。

例 13.4　对象应用的实例。

程序

```
#include<iostream.h>
class A
{ private:
    int x,y;
 public:
 void change(int a,int b)
 { cout<<"unchanged:"<<endl;
    cout<<"x=";
```

```
    cout<<a<<endl;
    cout<<"y=";
    cout<<b<<endl;
    x=b;
    y=a;
  }
  void out()
  { cout<<"changed:"<<endl;
    cout<<"x="<<x<<endl;
    cout<<"y="<<y<<endl;
  }
};
void main()
{ A a;
  int x,y;
  cout<<"x=";
  cin>>x;
  cout<<"y=";
  cin>>y;
  a.change(x,y);
  a.out();
}
```

输入

```
x=12↙
y=24↙
```

输出

```
unchanged:
x=12
y=24
changed:
x=24
y=12
```

分析

本程序首先定义了一个类 A 的变量即对象 a，接着定义了两个整型变量 x 和 y，x 和 y 的值由键盘输入。对象 a 的成员函数 change()接收到两个参数值，在函数体内，利用输出流输出两个参数的值，并把它们分别赋值给类 A 的两个数据成员 x 和 y(注意类中的两个数据成员 x 和 y 与主函数中定义的两个变量 x 和 y 的含义是不同的)。最后执行对象 a 的成员函数 out()，在 out()函数体中利用输出流输出类 A 的两个数据成员 x 和 y。

第五节　函数的重载

函数名用于标识函数的惟一性，但有些函数其功能相近，为了便于记忆也可以给它们定义相同的名称（同名函数的参数个数和参数类型至少有一个是不同的），但两个函数的函数体需要分别定义。当调用此类函数时，可依据它们之间的不同点由编译器自动确定调用哪个函数，常把这种函数调用的方式称为函数的重载。

例 13.5　函数的重载实例。

程序

```
#include<iostream.h>
int function(int,int);
float function(float,float);
void main()
{ int a1,b1;
  float a2,b2;
  cout<<"整型数据"<<endl;
  cout<<"a1=";
  cin>>a1;
  cout<<"b1=";
  cin>>b1;
  cout<<"实型数据"<<endl;
  cout<<"a2=";
  cin>>a2;
  cout<<"b2=";
  cin>>b2;
  cout<<a1<<"×"<<b1<<"="<<function(a1,b1)<<endl;
  cout<<a2<<"÷"<<b2<<"="<<function(a2,b2)<<endl;
}
int function(int x,int y)
{ return x*y;
}
float function(float x,float y)
{ return x/y;
}
```

输入

```
整型数据
a1=12↙
b1=24↙
```

实型数据

a2=24.5↙

b2=12.4↙

输出

```
12×24=288
24.5÷12.4=1.97581
```

分析

程序执行到语句“cout<<function(a1,b1)<<endl;”时，自动查找与之匹配的子函数。由于子函数function(a1,b1)中的两个形参a1，b1都是整型，因此调用的函数应该是int function(int x,int y)；语句“cout<<function(a2,b2)<<endl;”中的两个形参都是浮点型，它与子函数float function(float x,float y)匹配。二者不同的是后者在返回函数值时，把浮点型数据自动转换成整型。函数返回值的类型对函数的重载不产生影响。

第六节 构造函数与析构函数

给对象数据成员赋初值时，可以使用运算符“::”，通过调用成员函数的方法来实现，也可以通过定义构造函数的方式来实现。析构函数与构造函数相反，当对象脱离其作用域时，系统自动执行析构函数。

一、构造函数

构造函数是一种特殊的函数，必须在类体内进行定义，而且与类同名。它一般在定义对象时自动被调用，不能有返回值，这是构造函数与其他函数的主要区别。构造函数有两种形式，即由编译器自动生成的缺省构造函数和由用户自定义的构造函数。

（1）缺省构造函数。这种构造函数用户不必定义函数体，编译器自动为对象进行初始化，即为每个数据成员赋零值或空值。

（2）用户自定义构造函数。

例13.6 构造函数实例。

程序

```
#include<iostream.h>
class Date
{ private:
        int y,m,d;
  public:
        Date(int a,int b,int c);
  void out();
};
```

```
Date::Date(int a,int b,int c)
{ y=a;m=b;d=c;
}
void Date::out()
{ cout<<m<<"月"<<d<<"日"<<y<<"年"<<endl;
}
void main()
{ int y,m,d;
  cout<<"年=";
  cin>>y;
  cout<<"月=";
  cin>>m;
  cout<<"日=";
  cin>>d;
  Date date(y,m,d);
  cout<<"当前日期为";
  date.out();
}
```

输入

年=2005↙

月=8↙

日=10↙

输出

当前日期为8月10日2005年

注意 构造函数的定义可以在类中将说明部分与实现部分同时定义，也可以在类中将说明部分与实现部分分别定义。构造函数中可以有输出语句，但不能有函数返回值。

二、析构函数

析构函数是构造函数的逆操作，它与构造函数恰好相反，其功能是用来完成删除前的清理工作。当一个对象消失时，编译器将自动调用类的析构函数。析构函数必须与类同名，析构函数不能有参数和返回值，而且一个类只能有一个析构函数，为了标识析构函数与其他函数的区别，常在析构函数名前加“~”符号。

例 13.7　析构函数实例。

程序

```
#include<iostream.h>
class myclass
```

```
{ private:
     int n;
 public:
     myclass(int num);
 void out();
 ~myclass()
 { cout<<"调用析构函数"<<endl;
 }
};
myclass::myclass(int num)
{ n=num;
}
void myclass::out()
{ cout<<n<<endl;
}
void main()
{ int a,b;
 cout<<"a=";
 cin>>a;
 cout<<"b=";
 cin>>b;
 myclass m0(a);
 myclass m1(b);
 m0.out();
 m1.out();
}
```

输入

a=24↙

b=12↙

输出

```
24
12

调用析构函数
调用析构函数
```

分析

析构函数的调用次数只与建立对象的个数有关，程序中建立了两个对象 m0 和 m1，因此程序共执行了两次析构函数。

注意 构造函数和析构函数在类中是肯定存在的。如果用户没有创建，则系统自动生成，而且它们是成对出现的。

第七节　继承与派生

C++语言中，引入类的概念是为了提高程序的可读性和数据的安全性，但是类的引入增加了编写源程序的工作量，因此必须提高源程序的重用性。提高源程序重用性的途径有函数、类的继承等。

继承即在定义新类时，使新类自动继承指定类中的成员。如已定义了类 A，再定义一个新类 B，使类 B 自动继承类 A 的成员，这样类 B 只须定义类 A 中没有定义的成员即可（即派生类的成员由两部分组成：一部分是从基类继承的成员，另一部分是在其体内新定义的成员）。类 B 继承类 A 的成员，称类 A 是类 B 的基类或父类，类 B 是类 A 的派生类或子类。

一个派生类可以从一个基类继承成员，也可以从多个基类继承成员。从一个基类继承成员的方式称为单继承，从多个基类继承成员的方式称为多继承。继承方式与类中成员定义一样，也有 3 种方式，即公有继承（public）、私有继承（private）和保护继承（protected）。

例 13.8　继承与派生实例。

程序

```
#include<iostream.h>
class A
{ private:
      int x,y;
  public:
      A(int a=0,int b=0)
      {x=a;y=b;}
  int getx()
  { return x;
  }
  int gety()
  { return y;
  }
};
class B:public A
{ private:
      int x1,y1,x2,y2;
  public:
      B(A &t,int a1=0,int b1=0)
      { x1=a1;
        y1=b1;
```

```
        x2=t.getx();
        y2=t.gety();
    }
 int movex()
 { return x1+x2;
 }
 int movey()
 { return y1+y2;
 }
};
void main()
{ A ta(3,4);
 B tb(ta,5,6);
 cout<<tb.movex()<<endl;
 cout<<tb.movey()<<endl;
}
```

输出

```
8
10
```

分析

类 B 公有继承类 A 的成员，则类 B 中的成员可以像访问自身的成员一样，访问从类 A 中继承的成员，如类 A 中的函数 getx()和 gety()。对类 A 中的私有成员，类 B 中的成员不能直接访问，本程序是通过类 A 的 getx()和 gety()两个函数实现的。需要注意的是，成员的继承不同于数据值的继承，这里类的继承是指类成员结构的继承。

第八节　程序举例

例 13.9　分析下列程序的运行结果。

程序

```
#include<iostream.h>
int max(int,int);
int max(int,int,int);
void main()
{ int temp=0,num[3]={0};
 for(int i=0;i<3;i++)
 { cout<<"num["<<i<<"]=";
  cin>>num[i];
```

```
  }
  temp=max(num[0],num[1])+max(num[0],num[1],num[2]);
  cout<<temp<<endl;
}
int max(int x,int y)
{ if(x>y)
    return x;
  else
    return y;
}
int max(int x,int y,int z)
{ int temp=x;
  if(y>temp)
     temp=y;
  if(z>temp)
     temp=z;
  return temp;
}
```

输入

num[0]=12↙

num[1]=5↙

num[2]=15↙

输出

27

本章小结

本章首先介绍了 C++中的一些基本概念及它与 C 语言的区别；然后介绍了类与对象的基本概念，类是一种用户自定义的数据类型，而对象是类的具体实现，是类的实例；接着简单介绍了构造函数与析构函数在 C++程序的具体应用；最后介绍了 C++中类的继承与派生。

习题十三

一、填空题

1．C++语句的结束标志符是＿＿＿＿＿。

2．C++是一种面向对象的程序设计语言，因此，C++也包含面向对象的特点：封装性、继承性和＿＿＿＿＿。

二、选择题

1．下面关于类与对象的说法不正确的是（ ）。

A．一个类只能定义一个对象　　B．一个对象可以只属于某一个类

C．一个对象可以同属于多个类　　D．类也属于一种数据类型，它是数据与操作的封装体

2．下面程序的输出结果是（ ）。

```
#include<iostream.h>
fun(int a)
{ return a*a;
}
void main()
{ int x,sum=0;
 x=5;
 for(int i=1;i<=x;i++)
 sum=sum+fun(i);
 cout<<sum<<endl;
}
```

A．25　　B．132　　C．0　　D．55

三、上机操作题

定义一个日期类（date），该日期类包括年（year）、月（month）和日（day）数据成员，要求从键盘按年月日格式输入时自动转换成月日年格式输出。

第十四章　综合实例精解

教学目标

本章将介绍一个运用 C 语言开发的综合实例，它涉及 C 语言中的数组、指针、函数、结构体、文件等相关内容。

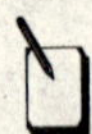

教学难点与重点

（1）学生成绩管理程序中的算法分析。

（2）学生成绩管理程序的程序代码。

（3）学生成绩管理程序的运行测试。

（4）测试后的问题分析。

实例　学生成绩管理程序

1．内容描述

编写一个学生成绩管理程序，要求能够管理 n 个学生 3 门科目的成绩，具体实现功能如下：

（1）显示每个学生的各门科目的成绩、总分和平均分。

（2）按总分从高到低进行排序。

（3）输入一个学号，能够查询出该学生的姓名和各门科目的成绩。

2．算法分析

本程序中要求能够管理 n 个学生的成绩，且每个学生有 3 科成绩，另外每个学生都应有总分，如果将每个学生的所有属性合并为一个记录，那么该记录应包含 7 个属性，即学号、姓名、性别、年龄、系别、3 门科目的成绩和总分。

这些属性可以用以下结构体表示：

```
struct student
{ int num;
  char name[10];
  char sex[5];
  int age;
  char department[10];
  int scoreEnglish;
  int scoreChinese;
```

```
 int scoreComputer;
 int sum;
};
```

结构体设计完成后，需要对程序的结构进行分析，选择一种合理的结构是很重要的。从题目要求看，程序应具有 5 种功能。为了实现功能的选择，还需要一个菜单选择功能，菜单的设计是计算机实现人机交互的关键问题。菜单的形式确定后，从编程的角度考虑，确定该程序的结构图如图 14.1.1 所示。

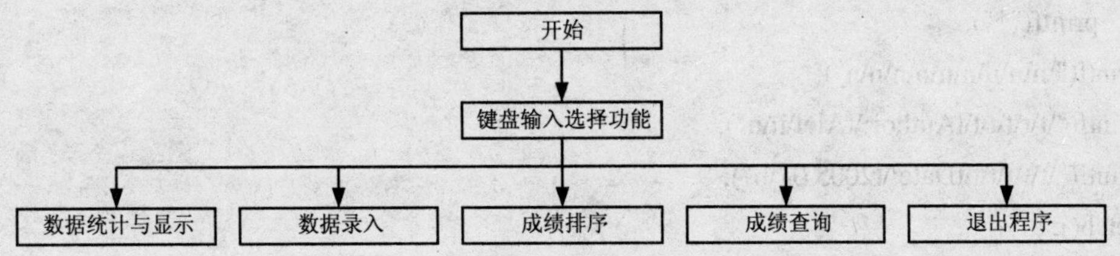

图 14.1.1　学生成绩管理程序结构图

3．程序代码

```
#include<stdio.h>
#include<string.h>
struct student
{ int num;
  char name[10];
  char sex[5];
  int age;
  char department[10];
  int scoreEnglish;
  int scoreChinese;
  int scoreComputer;
  int sum;
};
struct student stu[80];
FILE *fp;
int i,j,m,l,k;
int n;
char ch;
/*关于信息*/
aboat()
{clrscr();
 printf("\n");
 printf("\t");
 for(i=0;i<60;i++)
     printf("*");
```

```
    printf("\n");
    printf("\n");
    printf("\t\tStudent informations systerm!");
    printf("\n");
    printf("\n");
    printf("\t");
    for(i=0;i<60;i++)
        printf("*");
    printf("\n\n\n\n\n\n\n\n\n");
    printf("\t\t\t\t\t\tAuthor:\tAlei\n\n");
    printf("\t\t\t\t\t\tDate:\t2005.07\n");
    getch();
  }
/*插入学生信息*/
append()
{
    clrscr();
    if((fp=fopen("I:\\information.txt","w"))==NULL)
    {
       printf("Cannot open the file!\n");
       exit(0);
    }
    printf("Input the total of students:");
    scanf("%d",&n);
    for(i=0;i<n;i++)
    {
       printf("No.=");
          scanf("%d",&stu[i].num);
       printf("Name=");
          scanf("%s",stu[i].name);
       printf("Sex=");
          scanf("%s",stu[i].sex);
       printf("Age=");
          scanf("%d",&stu[i].age);
       printf("Department=");
          scanf("%s",stu[i].department);
       printf("ScoreEnglish=");
          scanf("%d",&stu[i].scoreEnglish);
       printf("ScoreChinese=");
```

```
        scanf("%d",&stu[i].scoreChinese);
    printf("ScoreComputer=");
        scanf("%d",&stu[i].scoreComputer);
    stu[i].sum=stu[i].scoreEnglish+stu[i].scoreChinese+stu[i].scoreComputer;
    fprintf(fp,"%d\t%s\t%s\t%d\t%s\t\t%d\t\t%d\t\t%d\t%d\n",stu[i].num,stu[i].name,stu[i].sex,
            stu[i].age,stu[i].department,stu[i].scoreEnglish,stu[i].scoreChinese,
            stu[i].scoreComputer,stu[i].sum);
  }
  fclose(fp);
  getch();
}
/*浏览信息*/
list()
{clrscr();
  if((fp=fopen("I:\\information.txt","r"))==NULL)
  {
    printf("Cannot open the file!\n");
    exit(0);
  }
  printf("The %d items information of file are\n",n);
  printf("No.\tName\tSex\tAge\tDepart\tEnglish\tChinese\tComput\tSum\n");
  i=0;
  while(fscanf(fp,"%d%s%s%d%s%d%d%d%d",&stu[i].num,stu[i].name,stu[i].sex,&stu[i].age,
        stu[i].department,&stu[i].scoreEnglish,&stu[i].scoreChinese,
        &stu[i].scoreComputer,&stu[i].sum)!=EOF)
  {
   printf("%d\t%s\t%s\t%d\t%s\t%d\t%d\t%d\t%d\n",stu[i].num,stu[i].name,stu[i].sex,
            stu[i].age,stu[i].department,stu[i].scoreEnglish,stu[i].scoreChinese,
            stu[i].scoreComputer,stu[i].sum);
   i++;
  }
  fclose(fp);
  getch();
}
/*按总成绩排序*/
order()
{clrscr();
  if((fp=fopen("I:\\information.txt","r"))==NULL)
  {
```

```
   printf("Cannot open the file!\n");
   exit(0);
  }
  printf("\nAccording to sum score,from big to small is\n");
  printf("No.\tSum\n");
  i=0;
  while(fscanf(fp,"%d%s%s%d%s%d%d%d%d",&stu[i].num,stu[i].name,stu[i].sex,&stu[i].age,
        stu[i].department,&stu[i].scoreEnglish,&stu[i].scoreChinese,
        &stu[i].scoreComputer,&stu[i].sum)!=EOF)
  {
    i++;
  }
  n=i;
  for(i=0;i<n-1;i++)
  {
    m=i;
    for(j=i+1;j<n;j++)
        if(stu[m].sum<stu[j].sum)
    m=j;
    if(i!=m)
    {
    l=stu[i].sum;
    k=stu[i].num;
    stu[i].sum=stu[m].sum;
    stu[i].num=stu[m].num;
    stu[m].sum=l;
    stu[m].num=k;
    }
  }
  for(i=0;i<n;i++)
      printf("%d\t%d\n",stu[i].num,stu[i].sum);
  fclose(fp);
  getch();
}
/*信息查询*/
query()
{int number;
 int p=0;
 clrscr();
```

```
printf("Input the number of student:");
    scanf("%d",&number);
if((fp=fopen("I:\\information.txt","r"))==NULL)
{
    printf("Cannot open the file!\n");
    exit(0);
}
i=0;
while(fscanf(fp,"%d%s%s%d%s%d%d%d%d",&stu[i].num,stu[i].name,stu[i].sex,&stu[i].age,
        stu[i].department,&stu[i].scoreEnglish,&stu[i].scoreChinese,
        &stu[i].scoreComputer,&stu[i].sum)!=EOF)
{
 if(stu[i].num==number)
 {
   printf("The stduent %d\'information is\n",number);
   printf("No.\tName\tSex\tAge\tDepartment\tEnglish\tChinese\tComput\n");
   printf("%d\t%s\t%s\t%d\t%s\t%d\t%d\t%d\t%d\n",stu[i].num,stu[i].name,stu[i].sex,
        stu[i].age,stu[i].department,stu[i].scoreEnglish,stu[i].scoreChinese,
        stu[i].scoreComputer,stu[i].sum);
   p=1;
   break;
 }
 i++;
}
if(p==0)
     printf("\nThere is no the student.\n");
fclose(fp);
getch();
}
/*主函数*/
main()
{ while(ch!='5')
 {clrscr();
  for(i=0;i<60;i++)
     printf("*");
  printf("\n\n");
  printf("\t0.Aboat\n");
  printf("\t1.Append record\n");
  printf("\t2.List record\n");
```

```
    printf("\t3.Order record\n");
    printf("\t4.Query record\n");
    printf("\t5.Exit\n");
    printf("\n");
    for(i=0;i<60;i++)
        printf("*");
    printf("\n\n");
    printf("\tChoose the number:");
        scanf("%c",&ch);
    switch(ch)
    {
     case'0':aboat();break;
     case'1':append();break;
     case'2':list();break;
     case'3':order();break;
     case'4':query();break;
     case'5':exit(0);break;
     default:
     {
        printf("\tInput error,choose again:");
     }
    }
  }
 getch();
}
```

4．运行测试

程序编译完成后，运行程序显示如下菜单：

```
************************************************************
        0.Aboat
        1.Append record
        2.List record
        3.Order record
        4.Query record
        5.Exit
************************************************************
        Choose the number:
```

用户从键盘选择 1，则屏幕显示：

Input the total of students:5↙

No.=1001↙

Name=Alei↙

Sex=M↙

Age=23↙

Department=Computer↙

ScoreEnglish=94↙

ScoreChinese=87↙

ScoreComputer=79↙

No.=1002↙

Name=Amei↙

…

用户按任意键，返回主菜单，再选择 2，则屏幕上列出 5 名学生的所有信息：

The 5 items information of file are

No.	Name	Sex	Age	Depart	English	Chinese	Comput	Sum
100	Alei	M	23	Computer	94	87	79	260
1002	Amei	F	23	Math	87	92	94	273

…

用户按任意键，返回主菜单，再选择 3，则屏幕上列出 5 名学生按总成绩从大到小的排列顺序：

According to sum score,from big to small is

No.	Sum
1002	273
1003	273
1001	260

…

用户按任意键，返回主菜单，再选择 4，则屏幕显示如下信息：

Input the number of student:

如果用户从键盘输入 1002，则屏幕显示如下的查询结果：

The stduent 1002'information is

No.	Name	Sex	Age	Depart	English	Chinese	Comput	Sum
1002	Amei	F	23	Math	87	92	94	273

如果用户从键盘键入一个不存在的学号如 2222，则屏幕显示如下信息：

There is no the student.

用户按任意键，返回主菜单。

5．存在的问题

上述程序虽然完成了预定的要求，但是仔细分析会发现程序中存在以下两个问题：

（1）程序中没有对任何输入进行合理的限制，而且一旦输入确认后，不能再修改，即异常处理问题。

（2）程序中所管理的是 n 个学生，其中 n 是在程序内部定义的，虽然可以调整，但是每次调整都必须修改程序，重新编译。这是静态结构体的缺陷，解决的办法是使用动态链表结构。

对于以上两点问题，有兴趣的读者可自行钻研，这里不再介绍。

实　训

实训 1　运算符与表达式

1. 目的和要求

学习并掌握几种常见的运算符和表达式的求值规则和特点，包括算术、关系、逻辑、条件、赋值等运算符和表达式，并掌握不同类型数据之间的转换规律。

2. 实训内容

编写程序，从键盘输入英文字母，若为大写字母将其转换成小写字母；若为小写字母将其转换成大写字母。

3. 上机操作

程序

```
#include<stdio.h>
#include<stdlib.h>
main()
{ char c;
  printf("Please input a letter c=");
  scanf("%c",&c);
  if(c>='A'&&c<='Z')
       printf("The small letter %c->%c\n",c,c+32);
  else if(c>='a'&&c<='z')
       printf("The capital letter %c->%c\n",c,c-32);
  else
       printf("Input error,please input again!\n");
}
```

输入

Please input a letter c=g↙

输出

The capital letter g->G

输入

Please input a letter c=#↙

输出

```
Input error,please input again!
```

实训 2　顺序结构程序设计

1. 目的和要求

顺序结构是最普遍使用的基本结构，这种结构控制语句不需要专门的语句来控制。学习并掌握顺序结构程序设计。

2. 实训内容

输入两个数，分别计算并输出加、减、乘及除的结果。

3. 上机操作

程序

```
#include<stdio.h>
main()
{ int a,b;
  float f;
  printf("Input two numbers\n");
  printf("a=");
  scanf("%d",&a);
  printf("b=");
  scanf("%d",&b);
  printf("%d+%d=%d\n",a,b,a+b);
  printf("%d-%d=%d\n",a,b,a-b);
  printf("%d×%d=%ld\n",a,b,a*b);
  printf("%d÷%d=%.2f\n",a,b,(float)a/b);
}
```

输入

```
a=24↙
b=3↙
```

输出

```
24+3=27
24-3=21
24×3=72
24÷3=8.00
```

实训 3　选择结构程序设计

1．目的和要求

选择结构是结构化程序的 3 种基本控制结构之一，它解决的问题是判断问题，即在不同的条件下进行相应的操作。学习并掌握选择结构程序设计。

2．实训内容

输入 3 个数，要求按从小到大的顺序输出。

3．上机操作

程序

```
#include<stdio.h>
#include<stdlib.h>
main()
{ int a,b,c,t;
  printf("Input three numbers:\n");
  printf("a=");
  scanf("%d",&a);
  printf("b=");
  scanf("%d",&b);
  printf("c=");
  scanf("%d",&c);
  if(a>b)
  {
     t=a;
     a=b;
     b=t;
  }
  if(a>c)
  {
     t=a;
     a=c;
     c=t;
  }
  if(b>c)
  {
     t=b;
     b=c;
     c=t;
```

```
 }
 printf("%d-%d-%d\n",a,b,c);
}
```

输入

```
Input three numbers:
a=12
b=24
c=15
```

输出

```
12-15-24
```

实训 4 循环结构程序设计

1. 目的和要求

结构化程序由顺序结构、选择结构和循环结构组成。本实训通过一个循环结构程序对结构化程序进行综合应用。

2. 实训内容

输入某班的某科成绩，判断该成绩属于哪个等级。例如 0～59 属于 E；60～69 属于 D；70～79 属于 C；80～89 属于 B；90～100 属于 A。

3. 上机操作

程序

```
#include<stdio.h>
#include<stdlib.h>
main()
{ int n,i,k;
  float score;
  i=0;
  printf("Input the total of students\n");
  printf("n=");
  scanf("%d",&n);
  for(i=1;i<=n;i++)
  {
     loop:
     printf("Input the student(%d) score:",i);
     scanf("%f",&score);
     if(score<0||score>100)
```

```
    {
        printf("Input error.\n");
        goto loop;
    }
   printf("score=%.2f\t\t",score);
   switch((int)score/10)
   {
        case 9:printf("A\n");break;
        case 8:printf("B\n");break;
        case 7:printf("C\n");break;
        case 6:printf("D\n");break;
        default:printf("E\n");
   }
  }
}
```

输入

```
Input the total of students
n=4
Input the student(1) score:84
```

输出

```
score=84.00             B
```

输入

```
Input the student(2) score:76
```

输出

```
score=76.00             C
```

输入

```
Input the student(3) score:55
```

输出

```
score=55.00             E
```

输入

```
Input the student(4) score:94
```

输出

```
score=94.00             A
```

实训 5　数组与函数

1．目的和要求

了解并掌握数组在 C 语言中的具体应用。掌握冒泡法和选择法两种常见的排序算法。

2．实训内容

输入 n 个数（其中 n 由用户提供），存入一个一维数组中，分别使用冒泡法和选择法按从大到小的顺序排列。

3．上机操作

程序

```
/*冒泡法排序*/
#include<stdio.h>
#include<stdlib.h>
main()
{ int n,i,j,k;
  int num[80];
  printf("Input the total of numbers\n");
  printf("n=");
  scanf("%d",&n);
  printf("The numbers are\n");
  for(i=0;i<n;i++)
  {
     printf("num[%d]=",i);
     scanf("%d",&num[i]);
  }
  printf("The numbers are");
  for(i=0;i<n;i++)
  {
     if(i%5==0)
        printf("\n");
     printf("%3d",num[i]);
  }
  for(i=0;i<n-1;i++)
     for(j=0;j<n-i;j++)
        if(num[j]<num[j+1])
        {
           k=num[j];
```

```
            num[j]=num[j+1];
            num[j+1]=k;
          }
   printf("\nAfter ordering,the numbers are");
   for(i=0;i<n;i++)
   {
     if(i%5==0)
       printf("\n");
     printf("%3d",num[i]);
   }
 }
/*选择法排序*/
#include<stdio.h>
#include<stdlib.h>
main()
{ int n,i,j,k,l;
  int num[80];
  printf("Input the total of numbers\n");
  printf("n=");
  scanf("%d",&n);
  printf("The numbers are\n");
  for(i=0;i<n;i++)
  {
    printf("num[%d]=",i);
    scanf("%d",&num[i]);
  }
  printf("The numbers are ");
  for(i=0;i<n;i++)
  {
    if(i%5==0)
       printf("\n");
    printf("%3d",num[i]);
  }
  for(i=0;i<n-1;i++)
  {
    k=i;
    for(j=i+1;j<n;j++)
       if(num[k]<num[j])
       k=j;
```

```
  if(i!=k)
  {
     l=num[i];
     num[i]=num[k];
     num[k]=l;
  }
 }
 printf("\nAfter ordering,the numbers are ");
 for(i=0;i<n;i++)
 {
   if(i%5==0)
      printf("\n");
   printf("%3d",num[i]);
 }
}
```

输入

```
Input the total of numbers
n=5↙
The numbers are
num[0]=13↙
num[1]=28↙
num[2]=3↙
num[3]=9↙
num[4]=16↙
```

输出

```
The numbers are
 13 28  3  9 16
After ordering,the numbers are
 28 16 13  9  3
```

实训 6 指 针

1. 目的和要求

指针是 C 语言的一个重要特色，正确灵活地运用指针可以简化程序、紧凑结构、提高程序的运行效率。

2. 实训内容

随机产生 n 个整型数据（0～999），求解并输出其中的最大值和最小值，其中 n 由用户提供。

3. 上机操作

程序

```
#include<stdio.h>
#include<stdlib.h>
#include<time.h>
#define PR printf
main()
{ int i,n,array[80];
 int *max,*min,*p;
 PR("Input the total of numbers.\n");
 PR("n=");
 scanf("%d",&n);
 srand(time(NULL));
 PR("The %d numbers are",n);
 for(i=0;i<n;i++)
 {
  if(i%5==0)
     PR("\n");
  array[i]=rand()%1000;
  PR("%5d",array[i]);
 }
 PR("\n");
 max=array;
 for(p=array+1;p<array+n;p++)
      if(*max<*p)
           *max=*p;
 PR("The max=%d\n",*max);
 min=array;
 for(p=array+1;p<array+n;p++)
      if(*min>*p)
           *min=*p;
 PR("The min=%d\n",*min);
}
```

输入

Input the total of numbers.

n=8↙

输出

```
The 8 numbers are
   44  724  562  212  526
  831  352  728
The max=831
The min=212
```

实训 7 文 件

1．目的和要求

掌握指针、结构体和文件的综合应用，并进一步理解文件在实际应用中的重要性。

2．实训内容

创建一个通讯录，该通讯录包括学生姓名、性别、电话、年龄、省份和城市。要求将这些信息存于磁盘中，可供随时查看。

3．上机操作

程序

```
#include<stdio.h>
#include<stdlib.h>
struct student
{ char name[10];
  char sex[5];
  char tel[11];
  int age;
  char province[10];
  char city[10];
};
struct student stu[80],*p;
FILE *fp;
int i,n;
char ch;
main()
{ printf("1.Show\n");
  printf("2.Insert\n");
  printf("Please choose:");
  loop:
  scanf("%c",&ch);
  if(ch=='1')
  {
   if((fp=fopen("I:\\student.txt","r"))==NULL)
```

```
 {
  printf("Cannot open the file.\n");
  exit(0);
 }
 printf("The information of students are\n");
 while(fscanf(fp,"%s%s%s%d%s%s",p->name,p->sex,p->tel,&p->age,p->province,
       p->city)!=EOF)
 {
       printf("%s\t%s\t%s\t%d\t%s\t%s\n",p->name,p->sex,p->tel,p->age,p->province,
           p->city);
       p++;
 }
}
else if(ch=='2')
{
 printf("Input the total of students:");
 scanf("%d",&n);
 if((fp=fopen("I:\\student.txt","w"))==NULL)
 {
   printf("Cannot open the file.\n");
   exit(0);
 }
 printf("Input information of the stduents:\n");
 for(i=0,p=stu;p<stu+n;i++,p++)
 {
   printf("Name=");
   scanf("%s",p->name);
   printf("Sex=");
   scanf("%s",p->sex);
   printf("Tel=");
   scanf("%s",p->tel);
   printf("Age=");
   scanf("%d",&p->age);
   printf("Province=");
   scanf("%s",p->province);
   printf("City=");
   scanf("%s",p->city);
   fprintf(fp,"%s\t%s\t%s\t%d\t%s\t%s\n",p->name,p->sex,p->tel,p->age,
          p->province,p->      city);
```

```
        }
    }
    else
        printf("Input error.\n");
    getchar();
}
```

输入

```
1.Show
2.Insert
Please choose:2↙
Input the total of students:3↙
Input information of the stduents:
Name=Alei↙
Aex=M↙
Tel=130****4190↙
Age=23↙
Province=ShannXi↙
City=Xi'an↙
Name=Amei↙
Sex=F↙
Tel=133****8138↙
Age=23↙
Province=ShannXi↙
City=Xi'an↙
Name=Aliang↙
Sex=M↙
Tel=139****0617↙
Age=22↙
Province=ShannXi↙
City=Yan'an↙
Please choose1↙
```

输出

```
The information of students are
Alei     M      130****4190     23      ShannXi Xi'an
Amei     F      133****8138     23      ShannXi Xi'an
Aliang   M      139****0617     22      ShannXi Yan'an
```

附　录

附录一　常用字符与 ASCII 码对照表

ASCII 码是美国标准信息交换码（American Standard Coder for Information Interchange）。ASCII 码字符集中包含基本字符与控制字符两部分，其中为 32～127 的代码是基本字符。

控制字符一般是计算机发向外部设备的命令码，仅控制外部设备实现某些特定功能，并不是给用户提供输出信息。在 ASCII 码字符集中，代码值为 0～31 的代码是控制代码。

C 语言中的字符码采用 ASCII 码表示。

ASCII 值	十六进制值	字　符	ASCII 值	十六进制值	字　符	ASCII 值	十六进制值	字　符
000	0		043	2B	＋	086	56	V
001	1	☺	044	2C	，	087	57	W
002	2	●	045	2D	—	088	58	X
003	3	♥	046	2E	。	089	59	Y
004	4	♦	047	2F	/	090	5A	Z
005	5	♣	048	30	0	091	5B	[
006	6	♠	049	31	1	092	5C	\
007	7		050	32	2	093	5D	]
008	8	■	051	33	3	094	5E	^
009	9		052	34	4	095	5F	—
010	A		053	35	5	096	60	'
011	B		054	36	6	097	61	a
012	C		055	37	7	098	62	b
013	D		056	38	8	099	63	c
014	E	♫	057	39	9	100	64	d
015	F	☼	058	3A	:	101	65	e
016	10	►	059	3B	;	102	66	f
017	11	◄	060	3C	<	103	67	g
018	12	↕	061	3D	=	104	68	h
019	13	‼	062	3E	>	105	69	i
020	14	¶	063	3F	?	106	6A	j
021	15	§	064	40	@	107	6B	k
022	16	▬	065	41	A	108	6C	l
023	17		066	42	B	109	6D	m
024	18	↑	067	43	C	110	6E	n
025	19	↓	068	44	D	111	6F	o
026	1A	→	069	45	E	112	70	p
027	1B	←	070	46	F	113	71	q
028	1C	∟	071	47	G	114	72	r
029	1D	◆	072	48	H	115	73	s
030	1E	▲	073	49	I	116	74	t
031	1F	▼	074	4A	J	117	75	u
032	20		075	4B	K	118	76	v
033	21	!	076	4C	L	119	77	w
034	22	"	077	4D	M	120	78	x
035	23	#	078	4E	N	121	79	y
036	24	$	079	4F	O	122	7A	z
037	25	%	080	50	P	123	7B	{
038	26	&	081	51	Q	124	7C	¦
039	27	'	082	52	R	125	7D	}
040	28	(	083	53	S	126	7E	~
041	29	)	084	54	T	127	7F	⌂
042	2A	*	085	55	U			

附录二　运算符和结合性

在 C 语言中存在着大量不同的运算符，当多个运算符同时出现在同一表达式中时，就需要依据运算符的优先级进行运算。

优先级	操作符	作　用	操作数个数	结合性
1	() [] -> .	圆括号 下标运算符 指向结构体成员运算符 结构体成员运算符		右结合
2	! ~ ++ -- – (类型) * & sizeof	逻辑非运算符 按位取反运算符 自增运算符 自减运算符 负号运算符 类型转换运算符 指针运算符 地址与运算符 长度运算符	1	左结合
3	* / %	乘法运算符 除法运算符 求余运算符	2	右结合
4	+ –	加法运算符 减法运算符	2	右结合
5	<< >>	左移运算符 右移运算符	2	右结合
6	<, <= , >, >=	关系运算符	2	右结合
7	== !=	等于运算符 不等于运算符	2	右结合
8	&	按位与运算符	2	右结合
9	^	按位异或运算符	2	右结合
10	|	按位或运算符	2	右结合
11	&&	逻辑与运算符	2	右结合
12	||	逻辑或运算符	2	右结合
13	? :	条件运算符	3	左结合
14	=, +=, –= , *=, %= , >>=, <<=, &= , ^= , |=	赋值运算符	2	左结合
15	,	逗号运算符（顺序求值运算符）		右结合

附录三　习题参考答案

习题一

一、填空题

1. 应用广泛　语言简洁、明了　语言表达能力强　丰富的数据结构　丰富的结构化控制语句　程序运行效率高，可移植性高

2．编辑　编译　链接　运行

二、选择题

1．D　　2．B

三、上机操作题

程序代码如下：

```
#include<stdio.h>
main()
{puts("*******************************************\n");
 puts("\n");
 puts("            C Language Program Design\n");
 puts("\n");
 puts("*******************************************\n");
}
```

习题二

一、填空题

1．有穷性　确定性　有效性　有零个或多个输入　有一个或多个输出

2．顺序结构　选择结构　循环结构

二、选择题

1．C　　2．C

三、上机操作题

流程图如下：

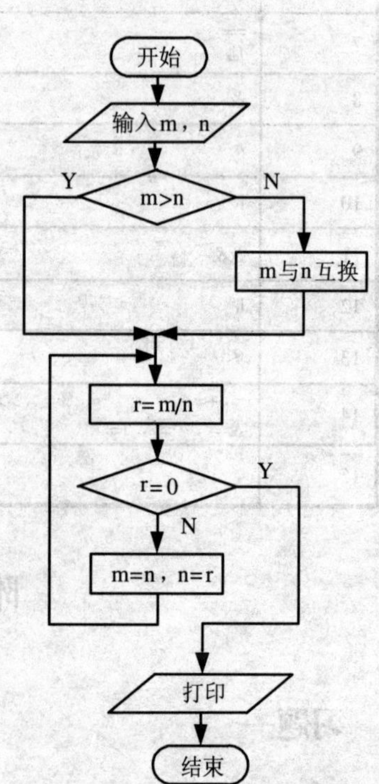

习题三

一、填空题

1．整型常量　实型常量　字符常量　字符串常量

2．基本类型　构造类型　指针类型　空类型

二、选择题

1．D　　2．C　　3．D

三、上机操作题

1．程序代码如下：

```
#include<stdio.h>
#define PI 3.1416
main()
```

```
{ float r,h,s;
 printf("R=");
 scanf("%f",&r);
 printf("H=");
 scanf("%f",&h);
 s=2*pi*r*r+2*PI*r*h;
 printf("S=%.2f\n",s);
}
```

2．程序代码如下：

```
#include<stdio.h>
#include<math.h>
main()
{ float a,b,c;
  double x1,x2,p,q,disc;
  printf("Please input a,b and c:\n");
  scanf("%f,%f,%f\n",&a,&b,&c);
  disc=b*b-4*a*c;
  p=-b/(2*a);
  q=sqrt(fabs(disc))/(2*a);
  /*sqrt 函数是系统函数，表示求二次方根，fabs 表示求绝对值*/
  if(a==0)
     if(b==0)
        printf("Error!\n");
     else
        printf("The answer is x1=x2=%f\n",-c/b);
  else
     if(disc<0)
     { printf("The answer is\n");
        printf("The real part is %f,\n",p+q);
        printf("The imag part is %f\n",p-q);
     }
     else
     { printf("The answer is\n");
       printf("x1=%f\n",p+q);
       printf("x2=%f\n",p-q);
     }
}
```

习题四

一、填空题

1．单目运算符　双目运算符　三目运算符

2．算术表达式　关系表达式　逻辑表达式　赋值表达式　条件表达式　逗号表达式

二、选择题

1．B　　　　2．C　A

三、上机操作题

1．程序代码如下：

```
#include<stdio.h>
main()
{ int x,y;
 printf("X=");
 scanf("%d",&x);
 printf("Y=");
 scanf("%d",&y);
 if(x>y)
    printf("%d>%d\n",x,y);
 else if(x<y)
    printf("%d<%d\n",x,y);
 else
    printf("%d=%d\n",x,y);
}
```

2．运行结果如下：

```
i=9      j=11
m=9      n=10
```

习题五

一、填空题

1．控制语句　表达式语句　复合语句　空语句　函数调用语句

2．&a,&b　b　a-b　b

二、选择题

1．B　　　　2．A

三、上机操作题

1．程序代码如下：

```
#include<stdio.h>
main()
{ float c,f;
 printf("Input a temprature:");
 scanf("%f",&f);
 c=(5.0/9.0)*(f-32);
 printf("The temprature is %f\n",c);
}
```

2．程序代码如下：

```
#include<stdio.h>
main()
{ int a=0,b=0,c=0;
   printf("hour=");
         scanf("%d",&a);
   printf("minutes=");
         scanf("%d",&b);
   a=a%24;
   b=b%60;
   c=a*60+b;
   printf("%d hour and %d minutes=%d minutes\n",a,b,c);
}
```

习题六

一、填空题

1．20<x&&x<30||x<-100

2．1　3　3

二、选择题

1．A　　　　　　2．C　　　　　　3．B

三、上机操作题

1．程序代码如下：

```
#include<stdio.h>
main()
{ int y0,m0,d0,y1,m1,d1,age;
 printf("the birthday of student is\n");
 printf("year=");
       scanf("%d",&y0);
 printf("month=");
```

```
        scanf("%d",&m0);
    printf("day=");
        scanf("%d",&d0);
    printf("the year of now.\n");
    printf("year=");
        scanf("%d",&y1);
    printf("month=");
        scanf("%d",&m1);
    printf("day=");
        scanf("%d",&d1);
    age=y1-y0;
    if(m1<m0)
        age--;
    else if((m1==m0)&&d1<d0)
        age--;
    printf("age=%d\n",age);
}
```

2．程序代码如下：

```
#include<stdio.h>
main()
{ long num;
  int indiv,ten,hundred,thousand,ten_thousand,place;
  printf("input a number(0～99999):");
        scanf("%ld",&num);
  if(num>9999)
      place=5;
  else if(num<=9999&&num>999)
      place=4;
  else if(num<=999&&num>99)
      place=3;
  else if(num<=99&&num>9)
      place=2;
  else
      place=1;
  printf("the number %ld have %d place.\n",num,place);
  ten_thousand=num/10000;
  thousand=(num-ten_thousand*10000)/1000;
  hundred=(num-ten_thousand*10000-thousand*1000)/100;
  ten=(num-ten_thousand*10000-thousand*1000-hundred*100)/10;
```

```
indiv=num-ten_thousand*10000-thousand*1000-hundred*100-ten*10;
switch(place)
{ case 5:printf("%d\t%d\t%d\t%d\t%d\n",ten_thousand,thousand,hundred,ten,indiv)
        break;
  case 4:printf("%d\t%d\t%d\t%d\n",thousand,hundred,ten,indiv);
        break;
  case 3:printf("%d\t%d\t%d\n",hundred,ten,indiv);
        break;
  case 2:printf("%d\t%d\n",ten,indiv);
        break;
  case 1:printf("%d\n",indiv);
        break;
    }
}
```

习题七

一、填空题

1．10

2．y=1 x=0

二、选择题

1．C　　　　　　2．C

三、上机操作题

1．程序代码如下：

```
#include<stdio.h>
main()
{int num1,num2,num3;
 float f,f1,f2,f3;
 num1=100;
 num2=50;
 num3=10;
 f1=f2=f3=0;
 for(f=1;f<=num1;f++)
     f1=f1+f;
 for(f=1;f<=num2;f++)
     f2=f2+f*f;
 for(f=1;f<=num3;f++)
     f3=f3+1/f;
```

```
 printf("the result is %.2f\n",f1+f2+f3);
}
```

2．程序代码如下：

```
#include<stdio.h>
main()
{int i,n,score1,score2,score3,sum;
 float avg;
 printf("Input the score of student\n");
 for(i=1;i<=5;i++)
 {
    printf("score1=");
    scanf("%d",&score1);
    printf("score2=");
    scanf("%d",&score2);
    printf("score3=");
    scanf("%d",&score3);
    sum=score1+score2+score3;
    avg=sum/3;
    printf("Sun(%d)=%d\n",i,sum);
    printf("Avg(%d)=%.2f\n",i,avg);
 }
}
```

习题八

一、填空题

1．A:\pas\EX01.c

2．f

二、选择题

1．A　　2．B

三、上机操作题

1．程序代码如下：

```
#include<stdio.h>
main()
{int i,j,row,max,a[4][4];
 for(i=0;i<4;i++)
 for(j=0;j<4;j++)
 { printf("a[%d][%d]=",i,j);
```

```
   scanf("%d",&a[i][j]);
 }
     for(j=0;j<4;j++)
     {row=0;
      for(i=1;i<4;i++)
          if(a[row][j]<a[i][j])
              row=i;
      printf("%d row max is %d\n",j,a[row][j]);
     }
}
```

2．程序代码如下：

```
#include<stdio.h>
main()
{int i,j,k,a[10],b[10];
 for(i=0;i<10;i++)
 { printf("a[%d]=",i);
  scanf("%d",&a[i]);
  }
  for(i=0;i<10;i++)
  { if(i%5==0)
       printf("\n");
   printf("%5d",a[i]);
  }
  printf("\n");
  for(i=0,j=0;i<10;i++)
  if(a[i]%2==0)
  { b[j]=a[i];
    j++;
  }
  k=j;
  for(i=0;i<k;i++)
  { if(i%5==0)
       printf("\n");
    printf("%5d",b[i]);
  }
}
```

习题九

一、填空题

1．无参数函数　有参数函数　空函数

2．宏定义　文件包含　条件编译

二、选择题

1．D　　　　　　2．B

三、上机操作题

1．程序代码如下：

```
#include<stdio.h>
int function(int x)
{ int i,j,k;
 i=x/100;
 j=(x-i*100)/10;
 k=x-i*100-j*10;
 if(x==i*i*i+j*j*j+k*k*k)
       return(1);
 else
       return(0);
}
main()
{ int i,flag;
 printf("The numbers are\n");
 for(i=100;i<=999;i++)
 { flag=function(i);
    if(flag==1)
    { printf("%5d",i);
    }
 }
 printf("\n");
}
```

2．程序代码如下：

```
#include<stdio.h>
double sum(int m)
{int i;
 double t=1.0;
 for(i=2;i<=m;i++)
      t=t-1.0/(i*i);
 return(t);
}
main()
```

```
{int m;
 printf("m=");
    scanf("%d",&m);
 printf("sum=%.4f\n",sum(m));
}
```

习题十

一、填空题

1．a[i+1]的地址　a[i+1]的内容

2．x　p　x

二、选择题

1．D　　2．A

三、上机操作题

1．程序代码如下：

```
#include<stdio.h>
int strcmp(char *p1,char *p2)
{ int i,flag=0;
 for(i=0;*(p1+i)!='\0'||*(p2+i)!='\0';i++)
     if(*(p1+i)>*(p2+i))
     {flag=1;
      break;
  }
  else if(*(p1+i)<*(p2+i))
  { flag=-1;
     break;
  }
 return(flag);
}
int strlen(char *p)
{ int i,j;
 j=0;
 for(i=0;*(p+i)!='\0';i++)
     j++;
 return(j);
}
main()
{ int flag,i,j;
```

```
 char s1[80],s2[80];
 printf("Input two strings\n");
 printf("S1=");
 gets(s1);
 printf("S2=");
 gets(s2);
 flag=strcmp(s1,s2);
 if(flag==0)
    printf("S1=S2\n");
 else if(flag==1)
    printf("S1>S2\n");
 else
    printf("S1<S2\n");
 i=strlen(s1);
 j=strlen(s2);
 printf("Length(S1)=%d\n",i);
 printf("Length(S2)=%d\n",j);
}
```

2．程序代码如下：

```
#include<stdio.h>
void function(char *p)
{ int i,j=0,k=0;
  for(i=0;*(p+i)!='\0';i++)
      if(*(p+i)>='a'&&*(p+i)<='z')
          j++;
      else if(*(p+i)>='A'&&*(p+i)<='Z')
          k++;
  printf("The total of big letters is %d\n",k);
  printf("The total of small letters is %d\n",j);
}
main()
{ char s[80];
  printf("Input string\n");
  printf("S=");
  gets(s);
  function(s);
}
```

习题十一

一、填空题

1．st.num

2．*struct node

二、选择题

1．A　　　　　　　　2．D

三、上机操作题

程序代码如下：

```
#include<stdio.h>
struct student
{ int number;
  char name[10];
  char sex[5];
  struct
  { int year;
     int mouth;
     int day;
  }age;
};
main()
{ struct student stu[80];
  struct student *p;
  int i,n;
  printf("Input the total of students:");
  scanf("%d",&n);
  for(i=0,p=stu;p<stu+n;p++,i++)
  { printf("number=");
    scanf("%d",&p->number);
    printf("name=");
    scanf("%s",p->name);
    printf("sex=");
    scanf("%s",p->sex);
    printf("year=");
    scanf("%d",&p->age.year);
    printf("mouth=");
    scanf("%d",&p->age.mouth);
    printf("day=");
```

```
  scanf("%d",&p->age.day);
 }
 printf("The information is\n");
 for(i=0,p=stu;p<stu+n;p++,i++)
 {printf("%d\t",p->number);
  printf("%s\t",p->name);
  printf("%s\t",p->sex);
  printf("%d\t",p->age.year);
  printf("%d\t",p->age.mouth);
  printf("%d\n",p->age.day);
 }
}
```

习题十二

一、填空题

1．ASCII 码文件　二进制文件

2．0

二、选择题

1．A　　　　　　2．B

三、上机操作题

1．程序代码如下：

```
#include<stdio.h>
#include<stdlib.h>
struct student
{ int num;char name[10];int age;
};
struct student stu[10];
FILE *fp;
main()
{ int i,n;
 printf("Input the total of students\n");
 printf("n=");
 scanf("%d",&n);
 if((fp=fopen("G:\\student.txt","w"))==NULL)
 { printf("Cannot open the file.\n");
   exit(0);
 }
```

```
for(i=0;i<n;i++)
 { printf("No.=");
   scanf("%d",&stu[i].num);
   printf("Name=");
   scanf("%s",stu[i].name);
   printf("Age=");
   scanf("%d",&stu[i].age);
   fprintf(fp,"%d,%s,%d\n",stu[i].num,stu[i].name,stu[i].age);
 }
 fclose(fp);
}
```

2．程序代码如下：

```
#include<stdio.h>
#include<stdlib.h>
struct student
{ int num;char name[10];int age;
};
struct student stu[10];
FILE *f;
function()
{ int i=0;
 if((f=fopen("G:\\student.txt","r"))==NULL)
 { printf("Cannot open the file.\n");
   exit(0);
 }
 while(fscanf(f,"%d,%s,%d",&stu[i].num,stu[i].name,&stu[i].age)!=EOF)
 { printf("%d,%s,%d\n",stu[i].num,stu[i].name,stu[i].age);
   i++;
 }
 fclose(f);
}
main()
{ function();
}
```

习题十三

一、填空题

1．endl

2．多态性

二、选择题

1．A　　2．D

三、上机操作题

1．程序代码如下：

```
#include<iostream.h>
class Date
{ private:
     int y,m,d;
  public:
     Date(int a,int b,int c);
  void out();
};
Date::Date(int a,int b,int c)
{ y=a;
  m=b;
  d=c;
}
void Date::out()
{ cout<<m<<"月"<<d<<"日"<<y<<"年"<<endl;
}
void main()
{ int y,m,d;
  cout<<"输入年、月、日："<<endl;
  cin>>y>>m>>d;
  Date date(y,m,d);
  cout<<"日期:";
  date.out();
}
```